Sunit Mitra

Diversidade florística de Bengala Ocidental, Índia

Sunit Mitra

Diversidade florística de Bengala Ocidental, Índia

Uma análise estatística da flora de Bengala Ocidental

ScienciaScripts

Imprint

Cover image: www.ingimage.com

This book is a translation from the original published under ISBN 978-3-659-82149-3.

Publisher:
Sciencia Scripts
is a trademark of
Dodo Books Indian Ocean Ltd. and OmniScriptum S.R.L publishing group

120 High Road, East Finchley, London, N2 9ED, United Kingdom
Str. Armeneasca 28/1, office 1, Chisinau MD-2012, Republic of Moldova, Europe
Printed at: see last page
ISBN: 978-620-8-32026-3

Dedicado a

Os meus pais
e
A minha mulher

PREÂMBULO

O Estado de Bemgal Ocidental formou-se com a independência da Índia através da divisão da então província de Bengala da Índia Britânica. Durante a divisão, a maior parte foi excluída do território indiano e forma o então Paquistão Oriental, atual Bangladesh.

"Flora" significa o estudo sistemático da vegetação de uma determinada área geográfica. Para o trabalho taxonómico, a flora desempenha sempre um papel importante. Além disso, atualmente, é muito importante compreender a composição florística para o desenvolvimento sustentável. A Bengala Ocidental foi incluída na região de Hotspots devido à sua composição florística variável.

Após 68 anos de Independência, o atual estado de Bengala Ocidental não tinha a sua própria "Flora", para compreender a sua composição florística até os taxonomistas terem de se basear no trabalho de David Prain (Bengal Plants, 1903), que não reflecte de todo a composição florística do estado porque a periferia territorial com base na qual Prain preparou o seu trabalho foi totalmente alterada. Nestas circunstâncias, é urgente elaborar a composição florística do estado de Benagal Ocidental. O Botanical Survey of India - a principal organização para estudar a flora do país, começou a preparar a flora do estado, mas até à data só publicou os 2 volumes que contêm a composição florística até à família Leguminosae *(Sensu. Lato.)*.

Para atender a essa demanda de longa data, o presente trabalho foi iniciado pelo **DR. Sunit Mitra,** embora não seja capaz de atender a todas as necessidades dos taxonomistas do estado, mas é capaz de atender a algumas questões até certo ponto, como as espécies estimadas do estado, a composição fitogeográfica do elemento florístico do estado, as plantas endêmicas e RET do estado, etc.

Considera-se que este trabalho sobre a **"Diversidade florística de Bengala Ocidental"** poderá atrair cada vez mais jovens cientistas para que se esforcem por preparar a composição florística de todo o Estado e que este receba a flora completa do Estado num curto espaço de tempo.

Transmito as minhas saudações ao Dr. Sunit MItra, Professor Assistente de Botânica do Ranaghat College, por me ter dado esta oportunidade de escrever o prefácio de um trabalho tão bom e aguardo ansiosamente a publicação do trabalho.

Prof. (Dr.) Sobhan Kr. Mukherjee
Department of Botany
Taxonomy & Biosystematics Laboratory
University of Kalyani, Kalyani-741235, W.B.

Prof. Sobhan Kumar Mukherjee
Professor, Taxonomia de Angiospérmicas e Laboratório de Biossistemática,
Departamento de Botânica, Universidade de Kalyani. Kalyani, Nadia - 741235.

Prefácio

O presente trabalho **"Floristic Diversity of the West Bengal, India "**é um estudo frutífero para avaliar a diversidade de plantas angiospérmicas de West Bengal. Há muito tempo que se exige uma avaliação da diversidade florística do Estado. Em 1903, David Prain publicou **"Bengal Plants"** em dois volumes, o relato florístico da então Bengala sob o trono britânico. Após a independência da Índia, toda a configuração do Estado se alterou enormemente, mas, passados 112 anos, ainda não existe uma descrição florística completa da atual Bengala Ocidental. Para o desenvolvimento sustentável do Estado, é urgente registar o seu património florístico. Assim, no presente trabalho, após análise da literatura e do herbário principal do Estado, prevê-se que o Estado de Bengala Ocidental tenha -4488 taxa em 1575 géneros pertencentes a 232 famílias. No presente trabalho, foram envidados esforços para descobrir a afinidade fitogeográfica da flora, os componentes endémicos da flora, as ameaças à flora e também para destacar as estratégias de conservação dos elementos florísticos do Estado.

Nenhuma palavra de gratidão é suficiente para expressar a minha dívida para com o meu Professor Prof. (Dr.) Sobhan Kumar Mukherjee pela sua gentileza em escrever o prefácio deste livro, mas também pela sua ajuda e encorajamento contínuos durante o estudo.

Agradeço ao Teacher In Chrage do Ranaghat College por me ter proporcionado várias oportunidades durante este estudo e na altura da preparação dos manuscritos.

Agradeço vivamente a cooperação do Diretor do Botanical Survey of India, responsável por diferentes círculos do Botanical Survey of India, e do Curador do Llyod Botanical Garden Darjeeling pela sua ajuda e cooperação durante a triagem do Herbário e o recrutamento da biblioteca.

Estou grato aos meus alunos e, atualmente, ao meu colega de profissão, Dr. Bidyut Kumar Jana, pela sua ajuda.

É minha convicção que este livro será imensamente útil para os estudantes de pós-graduação, investigadores, professores, especialistas nos domínios da biodiversidade, taxonomia e outras pessoas interessadas nos domínios da taxonomia vegetal e nos domínios de investigação conexos.

Por último, mas não menos importante, os agradecimentos são devidos à M/S Lap Lambert Academic Publishing, GmbH &Co. KGHeinrichBocking-Str. 6-866121, Saarbrucken, Alemanha, pela publicação deste livro.

Dr. Sunit Mitra Professor
Assistente de Botânica na
Faculdade de Ranaghat,

Ranaghat,
Nádia - 741201.

ÍNDICE DE CONTEÚDOS

CAPÍTULO - I

INTRODUÇÃO

O Estado de Bengala Ocidental situa-se na parte oriental do país e é um dos principais Estados do país. Quando se trata de analisar a história de Bengala, não podemos considerar Bengala Ocidental isoladamente. Trata-se da origem de Bengala como um todo, incluindo Bengala Ocidental e Bengala Oriental (atual Bangladesh). O território de Bengala tem sido uma região importante desde a Antiguidade. A primeira menção a esta província encontra-se na grande epopeia do *Mahabharata*.

[th]O Estado de Bengala Ocidental foi criado em 15 de agosto de 1947, com a independência da Índia do domínio britânico, pagando os custos da divisão do país. Durante o processo de divisão da Índia Britânica, a então província de Bengala foi dividida na direção Este-Oeste pela linha de Radiclif. A parte ocidental desta linha de divisão arbitrária, que compreendia um terço da área da província de Bengala original, foi incorporada na Índia como um Estado e rebaptizada como Bengala Ocidental, enquanto a metade oriental foi incorporada no Paquistão e existe atualmente como um país independente, o Bangla Desh.

A antiga Bengala foi o local de vários *janapadas* (reinos) importantes. Também fez parte de grandes impérios, como o Império *Maurya* (século II a.C.) e o Império *Gupta* (século IV d.C.); e parte do Império *Pala* regional (séculos VIII a XI) e da dinastia *Sena* (séculos XI-XII). A partir do século XIII, a região foi controlada pelo Sultanato de Bengala, por reis hindus e por proprietários *Baro-Bhuyan* até ao início do domínio britânico no século XVIII. A Companhia das Índias Orientais consolidou o seu domínio na região após a Batalha de *Plassey*, em 1757, e Calcutá foi durante muitos anos a capital da Índia Britânica. A exposição precoce e prolongada à administração britânica resultou na expansão da educação ocidental, culminando no desenvolvimento da ciência, na educação institucional e nas reformas sociais da região, incluindo o que ficou conhecido como o renascimento bengali. Um foco do movimento de independência indiano no início do século XX, Bengala foi dividida durante a independência da Índia em 1947, segundo linhas religiosas, em duas entidades distintas: Bengala Ocidental - um estado da Índia - e Bengala Oriental - uma parte do recém-criado Domínio do Paquistão - que mais tarde se tornou a nação independente do Bangladesh em 1971.

As caraterísticas físicas de Bengala Ocidental têm três caraterísticas distintas, a saber: - Em primeiro lugar, as zonas montanhosas e florestais dos distritos da fronteira ocidental, que começam a norte do rio *Subarnarekha* na sub-divisão de Jhargram do distrito de Midnapore (atual Paschim Medinipur) e se estendem até ao *Ganga* no norte do distrito de Birbhum.

Em segundo lugar, o *Terai* ou a zona de floresta pantanosa entre o sopé dos Himalaias e as planícies do distrito de Cooch-Behar, no Norte de Bengala.

Em terceiro lugar, a região do delta do *Bhagirathi*, desde o ponto em que se desvia do caudal principal do rio *Ganges* para sul até chegar à *Baía de Bengala.*

As florestas do estado de Bengala Ocidental podem ser classificadas em seis tipos principais: o total de terras florestais registadas no estado é de 11 879 km2, o que constitui 13,38% da área geográfica do estado. Dos 11 879 km2 de área florestal, 7 054 km2 são florestas de reserva, 3 772 km2 são florestas protegidas e 1 053 km2 são florestas não classificadas.

A viagem botânica do Estado começa com a publicação de *"Hortas Benghalensis"* por William Roxburgh, considerado o pai da taxonomia indiana, em 1814. Passados cerca de 90 anos, David Prain publicou, em 1903, o conspecto completo da flora do Estado. O trabalho de Prain estava incompleto porque, na introdução do seu livro, mencionava que a sua obra não incluía a divisão botânica de Darjeeling Himalaya que, na verdade, é um paraíso botânico e rico em composição florística. Após a independência, os limites geográficos e políticos da província de Bengala foram alterados e, consequentemente, o trabalho de Prain tornou-se insignificante. Para preparar um catálogo completo da composição florística do atual Estado de Bengala Ocidental, Clushaw, em 1952, tomou a iniciativa de preparar a flora de Bengala Ocidental. Mas, infelizmente, esse projeto não teve êxito. Posteriormente, vários trabalhadores estudaram a flora de diferentes zonas botânicas, distritos e áreas do Estado, mas não foi possível obter uma listagem completa.

A composição florística do estado ainda é desconhecida para nós e a preparação da flora do estado é uma demanda de longa data. No presente estudo, foi feita uma tentativa de estudar a flora do estado que revela que o estado possui 4435 taxa de Angiospermas sob 1540 géneros pertencentes a 232 famílias. O Estado de Bengala Ocidental possui cerca de 3,44,527 ha de área sob a designação de zonas húmidas. No estado existem cerca de 22 zonas húmidas naturais e uma artificial que cobrem mais de 100 hectares de área. Além disso, existem cerca de 57 000 pequenos lagos com uma área individual inferior a 2,25 ha. Esta enorme área de terra aquática possui 770 taxa de plantas aquáticas que pertencem a 456 géneros de 159 famílias.

O Estado observa 35 espécies pertencentes a 34 géneros de 22 famílias que estão confinadas à fronteira política de Bengala Ocidental e são consideradas plantas endémicas do Estado. Além destas, existem outras 25 espécies de angiospérmicas pertencentes a 22 géneros de 13 famílias, que são endémicas de Bengala Ocidental e também se encontram presentes noutros Estados indianos. Assim, no total, o Estado de Bengala Ocidental contém 57 espécies de plantas endémicas pertencentes a 53 géneros de 30 famílias.

No presente estudo, após uma análise crítica da literatura, observou-se que o estado possui 489 táxons exóticos, o que representa 11,03% do total do elemento florístico do estado, e que eles pertencem a 18 regiões florísticas diferentes do mundo.

A flora do estado de Bengala Ocidental está sujeita a uma enorme pressão devido a vários factores bióticos e abióticos, o que leva à destruição da diversidade florística do estado. Em especial, a flora do distrito de Darjeeling, que faz parte da região oriental dos Himalaias, é muito destruída devido às actividades turísticas e à crescente necessidade de terras para a civilização, para o estabelecimento de jardins de chá, indústria, etc., o que leva à perda de vários elementos florísticos da lista da flora do Estado. A este respeito, o nome de *Aldrovanda vesiculosa* é bem mencionável.

Diferentes estratégias de conservação *ex-situ* e *in situ* são levadas em conta pelo nível governamental para proteger a flora do estado. Até 2007, existiam no Estado 5 parques nacionais, 18 santuários de vida selvagem, 2 reservas da biosfera e 1 sítio do património mundial da UNESCO, que, na sua totalidade, contribuem para o processo de conservação da flora e da fauna do Estado. Para além destes, existe um sítio Ramsar *(East Calcutta Wet Land)* que contribui para a conservação da flora e fauna aquáticas do Estado.

CAPÍTULO - II

SOBRE O ESTADO DE BENGALA OCIDENTAL

2.1. Localização geográfica e fronteira política do Estado:

[th]A Bengala Ocidental situa-se entre 21° 10' e 27° 35' de latitude norte e 85° 50' e 89° 52'de longitude leste, cobrindo uma área de 87 616 km2 e ocupa a 13ª posição na lista dos estados indianos por área. O Estado é limitado a sul pelas ondas da Baía de Bengala, a leste pelo Bangla Desh, pelo Estado de Assam, pelo Estado de Sikkim e por uma parte do Nepal e do Butão, formando a fronteira setentrional do Estado, e a fronteira ocidental é delimitada pelos Estados de Bihar, Jharkhand e Orissa (**Mapa - I**). O Estado ocupa apenas 2,69% da área geográfica do país, mas tem 7,54% da população da Índia. O Estado tem a maior densidade populacional de 1029 pessoas por quilómetro quadrado. 72% da população reside nas zonas rurais, enquanto 28% reside nas zonas urbanas do Estado.

2.2. Configuração administrativa e caraterísticas demográficas:

Atualmente, o estado de Bengala Ocidental é composto por 20 distritos. **O quadro I** abaixo apresenta uma descrição de cada distrito com a sua área, sede distrital e população, com base no relatório do recenseamento de 2011. Os nomes dos distritos no quadro estão ordenados de norte a sul, de acordo com a sua posição.

Quadro -1: Perspetiva estatística dos distritos de Bengala Ocidental

Sl.No.	Name of the District	Year of Establishment	Position of the district in the state	District Head quarter	Area of the district (Sq. Km)	Population as per Census Report 2011			Population Density / Sq. Km area
						Male	Female	Total	
1	Alipurduar	2014	Map not avilable	Alipurduar	3,383 km^2 (1,306 sq mi)			1,700,000	400
2	Bankura	1947		Bankura	6,882 km^2 (2,657 sq mi)	1840504	1755788	3596292	523
3	Bardhaman	1947	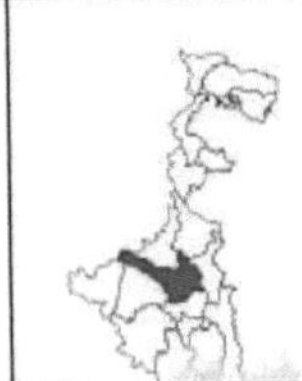	Bardhaman	7,024 km^2 (2,712 sq mi)	3975356	3748307	7723663	1100
4	Birbhum	1947		Suri	4,545 km^2 (1,755 sq mi)	1791017	1711370	3502387	77
5	Cooch Behar	1950		Cooch Behar	3,387 km^2 (1,308 sq mi)	1453590	1369190	2822780	833

6	Darjeeling	1947		Darjeeling	3,149 km^2 (1,216 sq mi)	934796	907238	1842034	585
7	East Midnapore	2002	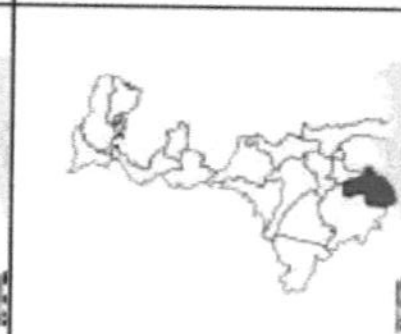	Tamluk	4,736 km^2 (1,829 sq mi)	2631094	2463144	5094238	1076
8	Hooghly	1947	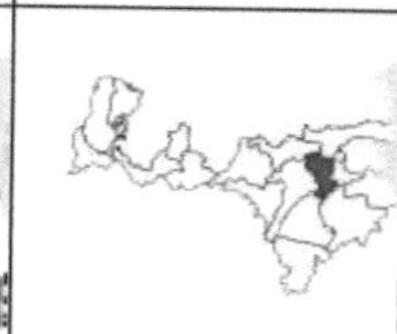	Chinsura	3,149 km^2 (1,216 sq mi)	2819100	2701289	5520389	1753
9	Howrah	1947	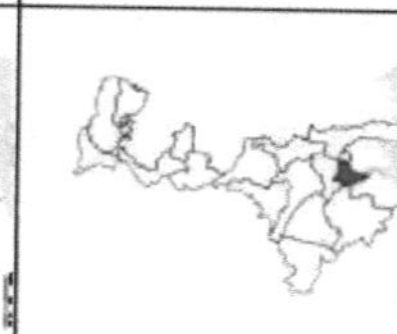	Howrah	1,467 km^2 (566 sq mi)	2502453	2339185	4841638	3300
10	Jalpaiguri	1947	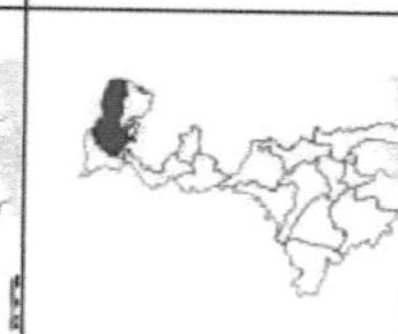	Jalpaiguri	2,844 km^2 (1,098 sq mi)	1980068	1889607	3869675	621
11	Kolkata	1947	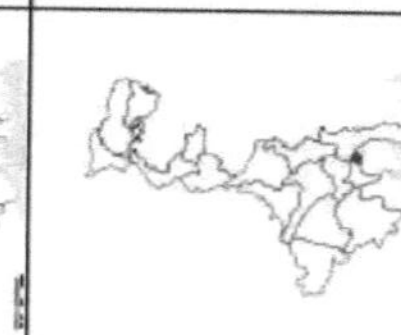	Kolkata	185 km^2 (71 sq mi)	2362662	2124017	4486679	24252

12	Malda	1947		English Bazar	3,733 km^2 (1,441 sq mi)	2061593	1936377	3997970	1071
13	Murshidabad	1947		Baharampur	5,324 km^2 (2,056 sq mi)	3629595	3472835	7102430	1334
14	Nadia	1947		Krishnanagar	3,927 km^2 (1,516 sq mi)	2655056	2513432	5168488	1316
15	North 24 Parganas	1986		Barasat	4,094 km^2 (1,581 sq mi)	5172138	4910714	10082852	2463
16	North Dinajpur	1992		Raiganj	3,140 km^2 (1,210 sq mi)	1550219	1450630	3000849	956
17	Purulia	1956		Purulia	6,259 km^2 (2,417 sq mi)	1497656	1430309	2927965	468

18	South 24 Parganas	1986	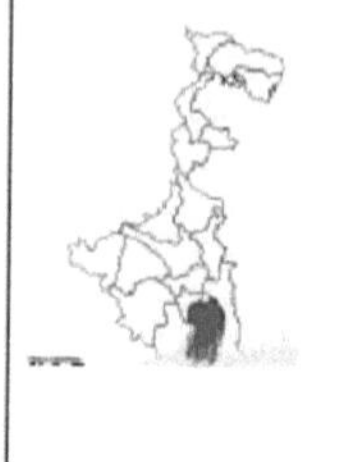	Alipore	9,960 km^2 (3,850 sq mi)	4182758	3970418	8153176	819
19	South Dinajpur	1992	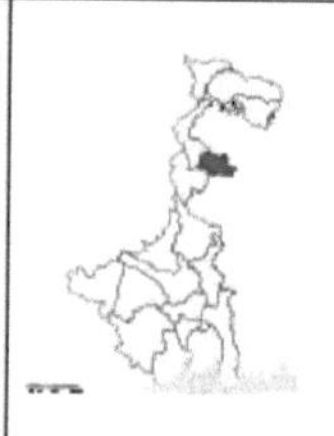	Balurghat	2,219 km^2 (857 sq mi)	855104	815827	1670931	753
20	West Midnapore	2002	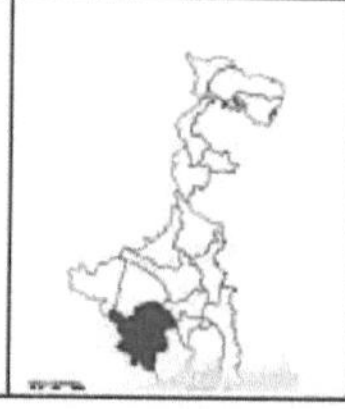	Medinipur	9,345 km^2 (3,608 sq mi)	3032630	2910670	5943300	636

Estes 20 distritos do Estado estão agrupados em três divisões. Os distritos de Bankura Birbhum, Burdwan Hooghly, East e West Midnapore foram incluídos na divisão de Burdwan; Calcutá, Howrah, Murshidabad, Nadia e South e North 24 - Parganahs foram incluídos na divisão da Presidência e a divisão de Jalpaiguri inclui os distritos de Cooch Behar, Darjeeling, Jalpaiguri Uttar e Dakshin Dinajpur e Malda.

Recentemente, a administração estatal propôs a divisão do distrito de Jalpaiguri em dois distritos, *nomeadamente* os distritos de Jalpaiguri Proper e Alipurduar, a fim de assegurar uma melhor administração, mas tal não foi ainda concretizado (**Mapa - I**).

Fonte: Sítio Web do Mapa da Índia.
Mapa - I. Mapa político de Bengala Ocidental

***Fonte: sítio Web do Governo de Bengala Ocidental**
Mapa - II. Representando as três divisões do Estado

2.3. O solo do Estado:

O solo do Estado foi estudado por Chatterjee e Chatterjee (1957), que, na sua observação, deram ênfase às caraterísticas físicas do solo. Singh (1971) agrupou o solo do Estado em 5 grandes categorias, a saber: i. Solo aluvial, ii. Solo laterítico, iii. Solo vermelho, ou terra vermelha, iv. Solo Terai, e v. Solo das marés.

No presente estudo, o solo do estado foi descrito com base nesta classificação de Singh, com algumas pequenas alterações baseadas nas condições fisiográficas do estado. Nesta classificação atual, o solo do estado pode ser classificado em seis classes, que são

Classe - I: Os solos da região dos Himalaias são classificados como Haplumbrepts Típicos e Udorthents Típicos. Os solos são predominantemente pouco profundos a moderadamente pouco profundos, mas também profundos em certos locais, bem drenados, de textura franco-argilosa a franco-argilosa. Estes solos ocorrem em encostas íngremes.

Classe - II: No sopé dos Himalaias e nas planícies de piemonte, os solos são classificados como Ustifluentes Aquáticos e Eutroclorfos Fluvénicos. O solo é profundo a muito profundo, imperfeitamente drenado e de textura franco-argilosa a franco-argilosa. É o tipo de solo que foi classificado por Singh (1971) como solo Terai.

Classe - III: A parte norte do rio *Ganges*, com a sua planície ondulante, é representada por solos muito profundos, limosos e limosos grosseiros, com erosão moderada e classificados como Aeric Ochraqualfs, Typic Ustifluvents e Typic Haplustalfs.

Classe - IV: Os solos da planície aluvial, que inclui aluviões indo-gangéticos (recentes, activos e antigos), são também muito profundos, imperfeitamente a mal drenados, de textura argilosa fina e também argilosa grosseira e com problemas moderados de inundação em alguns casos. Estes solos são classificados como Aeric Haplaquepts, Typic Fluvaquents, Typic Haplaquepts e Typic Ustochrepts.

Classe V: Na parte ocidental do Estado, ou seja, predominantemente na zona do planalto de Chhotanagpur, os solos são pouco a muito pouco profundos, bem drenados, de textura franco-argilosa e franco-argilosa, com erosão moderada, ao passo que os solos da parte restante são profundos a muito profundos, bem drenados, de textura franco-argilosa. São classificados como Haplustalfs Líticos e Haplustalfs Típicos.

Classe - VI: A planície costeira é representada por solos de textura arenosa e fina, muito profundos, com problemas de salinidade nalguns locais. Os solos são colocados em *Ustipsamments aquáticos* e *Haplaquepts verticais.* Enquanto os solos da planície do delta são muito profundos, imperfeitamente a mal drenados, de textura fina e com problemas de inundação e salinidade, sendo classificados como *Haplaqueptos Aéricos* e *Haplaqueptos Típicos.*

Uma vez que o arroz é a principal cultura do Estado, com base no cultivo e na produção de arroz, o estado do solo e a fertilidade do solo, tal como estimados pelo departamento de ciências do solo do Estado, são apresentados no quadro - II abaixo.

Quadro - II. Fertilidade do solo do Estado Bengala Ocidental

District	Rice area (x 1000 ha)	Rice yield (t/ha)	Avail N (kg/ha)	Avail. P (kg/ha)	Avail. K (kg/ha)
S. Paraganas	395.97	2.13	Low	M	Medium
Nadia	265.41	2.76	L	M	M
Burdwan	639.01	3.08	L	M	M
Hoogly	310.32	2.74	M	M	M
Howrah	125.55	2.28	M	M	M
Midnapur	654.03	2.49	M	M	M
Bankura	386.94	2.62	M	M	M
Purulia	266.98	1.98	M	M	M
Birbhum	368.55	3.03	M	M	M
Murshidabad	404.26	2.94	L	M	H
Malda	218.61	2.91	L	M	M
West Dinajpur	280.11	2.47	L	M	M
Darjeeling	34.52	1.70	L	M	M
Jalpaiguri	248.53	1.59	M	M	M
Cooch Bihar	280.49	1.95	M	M	M

Fonte: Dados recolhidos do Relatório Anual do Departamento de Ciência do Solo do Governo de W. B. [L = Baixo, M = Médio, H = Alto]

2.4. Fisiografia e regiões geográficas de Bengala Ocidental:

Embora o Estado tenha duas divisões naturais distintas: os Himalaias do Norte e as planícies aluviais do Sul do Ganges, Prain (1903), no capítulo introdutório de "Bengal Plants", mencionou 11 regiões botânicas da então província de Bengala, mas o atual Estado de Bengala Ocidental inclui 4 regiões botânicas no seu crédito, tal como mencionado por Prain, que são

a) **Bengala do Norte -** limitada a norte pelas colinas dos Himalaias, a nordeste pelo *Bramhaputra*, a sul pelo *Ganga* e a oeste pelo rio *Mahananda.*

b) **Bengala Central** - entre o *Bramhaputra*, o *Hooghly* e o rio *Ganga*, a norte de *Sundarbans*.
c) **Bengala Ocidental propriamente dita** - situada entre os rios *Bhagirathi* e Hooghly e o planalto *de Chotanagpur*.
d) **Sundarbans** - abrange toda a região delta dos Gangarivers.

Prain (*l.c.*) tinha omitido completamente uma parte do distrito de Darjeeling no seu trabalho, uma vez que a sua composição florística é completamente diferente das quatro partes do estado acima mencionadas.

Recentemente, Chakravarty *et al.* (1999), no seu estudo sobre a diversidade florística de Bengala Ocidental, dividiram o Estado em cinco grandes regiões geográficas, a saber

i. A região dos Himalaias de Darjeeling,
ii. Regiões Terai - Duars,
iii. Regiões ocidentais onduladas de planaltos e planaltos,
iv. Planícies do Norte e do Sul de Bengala e
v. Delta gangético de Sundarbans.

A região dos Himalaias de Darjeeling situa-se no extremo norte do Estado e constitui o limite norte do Estado. Inclui as subdivisões de Darjeeling, Kalimpong e Kursiong do distrito de Darjeeling e a orla norte do distrito de Jalpaiguri. Esta região é caracterizada por uma série de picos montanhosos e vales fluviais profundos. *Sandakhphu* (3630 m) é o pico mais alto do Estado, situado na cordilheira *Singalila* dos Himalaias. Outros picos importantes do Estado são *Falut* (3543 m), *Sabagram* (3543 m), *Tonglu* (3063 m), etc.

A parte sul do distrito de Darjeeling e todo o distrito de Jalpaiguri, com exceção de algumas bolsas na margem norte do distrito, constituem a região *Terai-Duars* do Estado. O solo desta região é argiloso avermelhado misturado com areia, seixos, cascalho e pedras. As margens dos rios desta região depositaram o solo aluvial.

Todo o distrito de Purulia e a parte ocidental dos distritos de Bankura, Bardhaman e Medinipur (atual distrito de Paschim Medinipur) constituem as terras altas onduladas e o planalto ocidental. As principais colinas desta região, que se erguem acima do nível normal do planalto, são as seguintes: *Ayodhya, Baghmundi*, do distrito de Purulia, *Sushunia* e *Biharinath* do distrito de Bankura. O *Gargaburu* das colinas *de Ayodhya* é o principal pico desta região. A maior parte desta região é, do ponto de vista paleobotânico, uma extensão do sistema Gondowana superior e inferior.

O rio *Ganges* divide a planície do Estado em duas divisões desiguais, uma na direção norte e outra na direção sul. A metade norte é conhecida por planície do Norte de Bengala e a metade sul por planície do Sul de Bengala.

O delta do Ganges inclui a área de Sundar ban no distrito de South 24 - pagans. A área tem muitos riachos e extensões de terras baixas, lugares pantanosos e grandes aberturas de rios. O solo desta região é geralmente de natureza salina e observa-se também um solo arenoso nas ilhas desta região.

Na presente observação, foi previsto que, com base em todas as consequências, o Estado de Bengala Ocidental deveria ser dividido em seis zonas botânicas baseadas nas condições climáticas e edáficas do Estado, porque a vida das plantas está intimamente associada às condições edáficas e climáticas da região onde crescem. Estas seis zonas botânicas, que são mais ou menos sinónimas da zona agro-climática do Estado, com os distritos que as compõem, estão enumeradas de norte a sul do Estado no quadro - III abaixo

Quadro - III. Zonação botânica do Estado de Bengala Ocidental

Sl. No.	Zone	Comprising Districts
1	Hills	Darjeeling
2	Terrai	Cooch Behar, Jalpaiguri and south-western part of Darjeeling
3	Barind	West Dinajpur, Malda
4	Alluvial	Nadia, Burdwan, Hooghly, Howrah, Midnapore (except western part), Murshidabad, Kolkata, North 24-Parganas and South-Western Part of
		Darjeeling District.
5	Rarh and Eastern Plateau	Parts of Purba and Paschim Midnapore, Birbhum, Bankura and Purulia.
6	Coastal	South 24-Parganas.

2.5. Rivers and Wet Land of West Bengal (Rios e terras húmidas de Bengala Ocidental):

O estado de Bengala Ocidental é atravessado por um grande número de rios. No seu percurso, oferecem ao Estado algumas das terras mais férteis e ricas. O rio Ganga é o mais importante dos rios que atravessam o Estado de Bengala Ocidental.

Para além do *Teesta,* os outros rios importantes dos Himalaias que atravessam a parte norte do Estado são o *Torsha,* o *Jaldhaka,* o *Raidakh* e o *Sankosh.* Entre eles, o *Torsha* é o mais turbulento.

Outro rio importante da parte norte do estado é o *Mahananda.* Nasce nas nascentes perto da cidade de Darjeeling. Corre para baixo para regar também a parte central do estado.

Para além do *Mahananda,* os outros rios da região central do Estado são o *Atrai,* o *Punarbhava* e o *Tangan.* Enquanto o Atrai corre para se juntar ao rio Padma do Bangladesh, os outros dois correm para o *rio* Mahanandar.

Outro rio importante que corre nesta parte do estado é o *Mayurakshi.* É alimentado por afluentes como o *Bakreswar,* o *Kopai,* o *Dwarka* e *o Brahmani. Damodar* é também um rio importante nesta região. Nasce nas colinas de Bihar e corre para leste para se juntar ao rio Hoogly, que é um dos rios mais importantes do estado de Bengala Ocidental, no seu lado ocidental.

O principal canal do rio Ganges nesta parte do país é o Bhagirathi. Este rio junta-se ao Padma no Bangladesh. O Ganges desagua na Baía de Bengala, formando o famoso delta das Sundarbans indianas.

Dois outros rios muito importantes de Bengala Ocidental são o *Subarnarekha* e o *Rupnarayan.*

Os rios do estado de Bengala Ocidental estão representados no mapa - III abaixo

Além disso, o Estado possui também 11 07907 ha de terras húmidas, o que representa 12,48% da área total do Estado, dos quais 8 860 90 ha são terras húmidas interiores e 2 218 17 ha são terras húmidas costeiras. Estes dois tipos de terras húmidas estão classificados em várias outras categorias que estão representadas no quadro IV.

As terras húmidas são o ecossistema auto-sustentado mais importante e desempenham um papel importante na formação de uma vasta gama de flora bem diversificada. Estas plantas aquáticas e de terras húmidas têm imensa importância para sistemas sustentáveis de suporte de vida, incluindo valores económicos e estéticos e, como tal, têm desempenhado um papel central na evolução da colonização humana, agricultura, cultura, crescimento industrial, etc. Assim, sem o estudo destas plantas terrestres húmidas, o estudo da diversidade florística permanece incompleto, deste ponto de vista, no presente estudo, as áreas terrestres húmidas do Estado foram estudadas com especial ênfase.

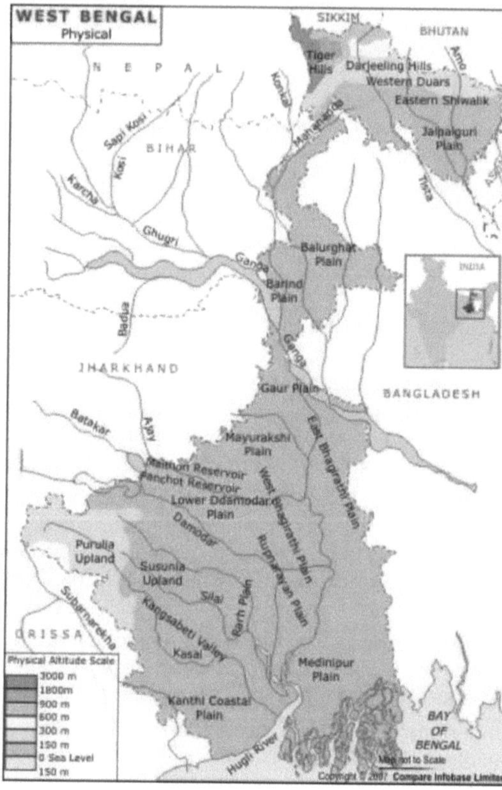

Mapa - III. Mapa fluvial do Bengala Ocidental

Quadro - IV. Análise estatística das terras húmidas do estado de Bengala Ocidental

Sl. No.	Nature of Wet Land	Category of the Wet Land	Area in ha
1	In land Wet Land	Lake and Pond	58,654
		Oxbow Lake and Cut off Meander	19,550
		High altitude Lakes and Wet Land	82
		Riverine Wet Land	8,654
		Natural Wet Land	58,038
		River Stream	5,591,92
		Reservour and Barrage	22,672
		Tank and Pond	20,470
		Salt Pan	71
		Wet Land	1,387,07
2	Coastal Wet Land	Sand / Beach	3,338
		Inter Tidal Mud Flat	2,726
		Mangrove	20,933,0
		Salt Pan	4,937
		Aquaculture Pond	1,557

2.6. Clima:

O clima do Estado é tropical na zona das planícies e subtropical a temperado na região do Terai - Himalaia. No inverno, a temperatura nocturna desce até ao nível abaixo de zero em diferentes partes de Darjeeling e, frequentemente, algumas localidades, como *Ghoom*, recebem quedas de neve, enquanto na outra parte dos distritos de Darjeeling se observa uma temperatura mínima de 2 - 3 °C à noite, enquanto a temperatura diurna varia entre 9 - 12 °C. No verão, a temperatura sobe até 30 °C e a temperatura média estival é de 15 - 21 °C. No que respeita aos distritos de Darjeeling, a outra parte do Estado é quente e a temperatura varia entre 8 °C - 22 °C durante o inverno e 21 °C - 39 °C no verão. A parte ocidental do Estado tem o verão mais quente e o inverno mais frio, mas na outra parte do Estado a variação de temperatura não é tão elevada.

O Estado recebeu uma quantidade considerável de chuvas na parte norte, tendo-se observado uma região mais seca na sua orla ocidental. A precipitação anual do Estado varia entre 150 e 200 cm. Algumas partes do distrito de Darjeeling registaram uma precipitação média anual de 450 cm e algumas partes do distrito de Purulia registaram uma precipitação média anual de 60 a 80 cm.

A precipitação intensa ocorre na parte norte de Bengala Ocidental e diminui gradualmente para sul, formando uma zona de precipitação moderada em torno da parte central de Bengala Ocidental. A precipitação anual é máxima (>3000 mm) na região do sopé da montanha, a norte (Bengala Ocidental sub-himalaiana). Já a região costeira do sul recebe cerca de 15002000 mm de precipitação, que diminui para 900 mm no sudoeste. A precipitação média anual no Estado é de cerca de 1.900 mm, dos quais 1.600 mm ocorrem durante os meses de monção.

Na parte norte do Estado, que inclui a região montanhosa (Himalaias), a temperatura varia entre o ponto de congelação e 10°C no inverno. Nas planícies, a temperatura oscila entre os 12°C e os 18°C. janeiro é o mês mais frio e o inverno começa no final de novembro e prolonga-se até fevereiro. Darjeeling tem uma temperatura média normal que varia entre 5,8°C e 17,0°C, onde a queda de neve também ocorre ocasionalmente. O resto da região tem uma temperatura média de inverno que varia entre 9°C e 14°C.

A época de verão começa a partir do mês de março e a temperatura começa a subir até junho. maio é o mês mais quente. A temperatura no verão varia entre 20°C no distrito de Darjiling e cerca de 48°C no distrito de Purulia. A temperatura na estação das chuvas é mais ou menos uniforme nas planícies e varia de 21°C em Calcutá a 30°C em Canning. Esta uniformidade indica a influência da monção do sudoeste na descida das temperaturas. O mapa da precipitação do Estado é apresentado no mapa IV infra.

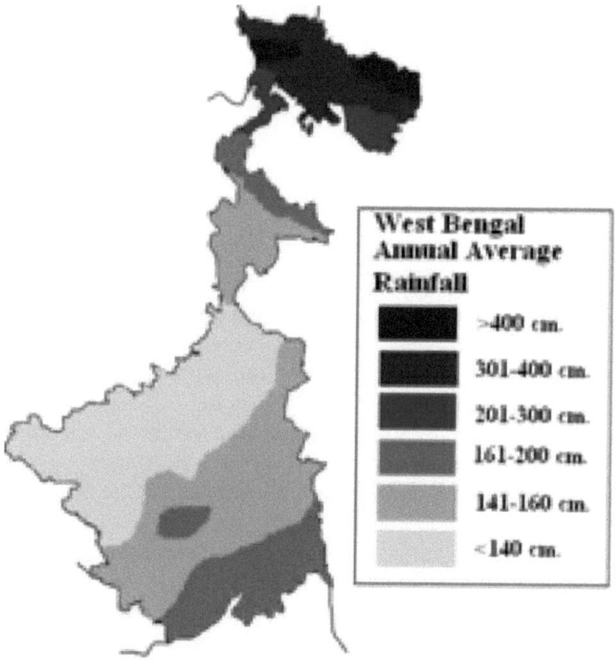

Mapa - IV. Precipitação média anual de Bengala Ocidental.

A precipitação média anual e a temperatura média mensal registadas em diferentes observatórios dos diferentes distritos são apresentadas nos quadros V e VI, respetivamente.

Tabela - V. Mostra a precipitação média anual (por mês em mm)

Sl. No.	Name of the District	Month											
		January	February	March	April	May	June	July	August	September	October	November	December
1	Darjeeling	X	X	X	72	355	896	1142	876	456	188	33	X
2	Jalpaiguri	X	2	74	159	396	900	1044	686	539	70	10	X
3	Coochbehar	X	X	30	385	600	711	863	525	476	61	2	X
4	UttarDinajpur	X	X	X	70	187	310	376	268	319	57	1	X
5	DakshinDinajpur	X	X	X	71	171	419	237	367	268	144	6	X
6	Malda	X	1	X	26	121	263	211	174	218	103	7	5
7	Murshidabad	X	2	X	18	127	232	157	128	186	103	2	36
8	Nadia	X	8	X	28	143	192	115	97	176	101	6	44
9	24 – Prgs (N)	X	1	1	34	170	205	181	215	241	131	4	21
10	24 – Prgs (S)	X	1	2	3	115	237	245	258	215	107	5	16
11	Howrah	X	24	3	4	145	218	179	250	237	130	5	17
12	Hooghly	X	9	1	18	145	190	155	211	212	137	3	20
13	Bardhaman	X	8	1	22	92	219	133	115	178	80	4	38
14	Birbhum	1	5	4	18	77	219	206	115	223	46	6	46
15	Bankura	X	9	3	24	129	204	163	144	141	65	6	36
16	Purulia	1	1	9	79	104	189	192	148	58	9	50	X
17	Paschim medinipur	X	1	1	3	161	190	219	150	212	46	3	16
18	Purba Medinipur	X	16	1	1	94	178	266	295	246	99	5	17

***Fonte:** Gabinete de Economia Aplicada e Estatística, W.B.

Tabela - VI. Mostra a temperatura média média (mês em °C)

Sl. No.	Name of the District	Month											
		January	February	March	April	May	June	July	August	September	October	November	December
1	Darjeeling	8	7	12	14	14	15	16	16	15	14	11	8
2	Jalpaiguri	15	19	25	27	27	27	28	28	28	26	24	19
3	Coochbehar	17	19	24	26	27	28	29	29	28	26	24	18
4	UttarDinajpur	NA	NA	NA	NA	NA	NA	NA	NA	NA	NA	NA	NA
5	DakshinDinajpur	16	23	28	31	30	29	29	29	30	29	27	16
6	Malda	16	22	28	31	30	30	30	30	29	28	26	20
7	Murshidabad	16	21	28	31	30	29	29	29	28	27	25	19
8	Nadia	9	15	28	31	29	29	28	28	27	27	25	19
9	24 – Prgs (N)	17	23	29	32	31	31	30	30	29	26	26	15
10	24 – Prgs (S)	18	23	29	31	30	30	30	29	29	28	27	21
11	Howrah	15	20	28	30	29	29	28	28	28	26	25	18
12	Hooghly	15	22	28	32	31	30	27	29	27	26	25	18
13	Bardhaman	17	22	29	33	31	31	30	30	29	28	25	20
14	Birbhum	16	21	28	32	30	31	29	29	29	27	25	19
15	Bankura	18	23	29	33	30	30	28	28	27	26	24	16
16	Purulia	NA	NA	NA	NA	NA	NA	NA	NA	NA	NA	NA	NA
17	Paschim medinipur	17	23	29	32	30	31	29	29	29	27	26	20
18	Purba Medinipur	18	23	27	30	30	30	29	29	29	27	26	20

***Fonte:** Gabinete de Economia Aplicada e Estatística, W.B.

2.7. Vegitação do Estado:

Geralmente, vegetação significa a comunidade vegetal de qualquer área geográfica, mas no caso da vegetação de um estado significa a floresta e o seu tipo pertence a esse estado.

O total de terras florestais registadas no estado é de 11 879 km2, o que constitui 13,38% da área geográfica do estado. Dos 11 879 km2 de área florestal, 7 054 km2 são florestas de reserva, 3 772 km2 são florestas protegidas e 1 053 km2 são florestas não classificadas.

O coberto florestal, incluindo as florestas criadas fora da área florestal registada, é de 15,68% da área geográfica, tal como avaliado pela célula GIS do Departamento Florestal de W.B. em 2006, com base em imagens de satélite obtidas junto da NRSA, Hyderabad, em formato de dados digitais. Para calcular o coberto florestal do Estado, seguiu-se o protocolo desenvolvido em estudos anteriores pelo RRSSC, Kharagpur, no âmbito do Departamento do Espaço, GOI, NRSA, Hyderabad. As massas de água estuarinas, como rios e riachos em mangais e rios que atravessam os terrenos florestais registados em Jalpaiguri e noutros distritos, foram incluídas no cálculo do coberto florestal. Do mesmo modo, grandes porções de plantações florestais agrícolas, criadas fora das terras florestais, com um micro ecossistema semelhante ao da floresta, foram enumeradas como coberto florestal. De acordo com a classificação das imagens de satélite, o coberto vegetal do Estado representa mais de 27% da área geográfica em

2006. O coberto vegetal inclui pomares/granjas de aldeia, jardins de chá e plantações de horticultura.

A cobertura florestal do Estado por distrito é apresentada no quadro - VII abaixo.

Quadro - VII.Distribuição distrital dos terrenos florestais geográficos e registados em Bengala Ocidental

Sl. No.	Name of the District	Geographical Area (in Sp. km)	Recorded Forest Area (in Sq. km)	Percentage of Recorded Forest Area
1	Darjeeling	3149	1204	38.23
2	Jalpaiguri	6227	1709	28.75
3	Cooch Behar	3387	57	1.68
4	Bankura	6882	1482	21.53
5	Midnapore	14,081	1709	12.14
6	Burdwan	7024	277	3.94
7	Purulia	6259	876	14.00
8	Birbhum	4545	159	3.50
9	Hooghly	3149	3	0.10
10	Nadia	3927	13	0.30
11	Murshidabad	5324	8	0.15
12	Malda	3733	20	0.54
13	Uttar Dinajpur	3140	10	0.32
14	Dakshin Dinajpur	2219	8	0.36
15	Calcutta	104	-	0.00
16	Howrah	1467	-	0.00
17	24-Parganas (S)	10,159	4220	41.54
18	24-Parganas (N)	3977	43	1.08
Total:		**88,752 Sq. km**	**11,879 Sq. km**	**13.38%**

As florestas do Estado de Bengala Ocidental podem ser classificadas, em termos gerais, em seis tipos principais: os seis tipos de florestas, as suas áreas no Estado e as principais espécies presentes nessas florestas são apresentados no quadro VIII:

Quadro - VIII. Conspecto das florestas de Bengala Ocidental

Sl. No.	Forest types	Area Covered in the State (Million Hectors)	Area Covered in India(Million Hectors)	Major Species
1	Tropical Moist Deciduous Forests	0.459	23.245	*Shorea robusta, Michelia champaca, Lagerstroemia parviflora, Terminalia belerica, Chukrasia velutina.*
2	Tropical Dry Deciduous Forests	0.43	29.149	*Shorea robusta, Anogeissus latifolia, Boswellia serrata, Terminalia belerica, T.tomentosa etc.*
3	Sub-tropical Broadleaved Hill Forests	0.005	0.287	*Schima wallichi, Castanopsis indica, Phoebe attenuata, Castanopsis tribuloides etc.*
4	Montane Wet Temperate Forests	0.005	1.613	*Quercus spp., Acer spp., Machilus spp., Michelia spp. etc.*
5	Littoral and Swamp Forests	0.279	0.671	*Ceriops spp., Avicennia spp., Rhizophora candelaria etc.*
6	Alpine Forests	0.005	1.79	*Tsuga brunoniana, Picea spp., Abies densa, Quercus spp., Juniperus spp., Rhododendron spp and Betula utilis.*

No presente estudo, a floresta do Estado foi classificada em 10 grandes classes com base no sistema de classificação florestal de Chapion e Seth (1968), com algumas modificações. O quadro IX apresenta um espetro pormenorizado da classificação das florestas, a sua distribuição nos respectivos distritos e as principais componentes de cada tipo. No Mapa - IV é igualmente apresentado um mapa de distribuição dos diferentes tipos de florestas de Bengala Ocidental, tal como publicado pela Divisão Florestal de Bengala Ocidental

Quadro - IX. Conspecto das florestas de Bengala Ocidental

Sl. No.	Forest Class	Forest Types	Comprising Districts (sites)	Area	Major and Common taxa Present
1	Group 1B	Northern Tropical Wet Evergreen Forests	Plains of North Bengal upto 150 m. altitude. Bagdogra range of Kurseong divison, Khutimari areas of Jalpaiguri division, Damanpur, Cheko, Gadadhar, Rajabhatkhawa, Rydak of Buxa	167 sq.km.	Sal (*Shorea*), Nageshwar (*Cauropeta*), Jam (*Syzigium*), Lali (*Schema*), Canes (*Calamus*), *Eugenia formosa*, *Meliosma simplicifolia*, etc.

			Tiger Reserve.		
2	Group 2B	Northern Sub-Tropical Semi-Evergreen forests	North Bengal. Sumbong, Peshok, Buxaduar	25 sq.km.	*Alstonia scholaris, Bauhinia varigata, Castanopsis tribuloides, Cinnamomum obtusifolium, Litsea salicifolia, etc.*
3	Group 3C	North India Moist Deciduous forests	North Bengal. Almost entire duars and terai area	1757 sq.km.	*Eleocarpus, Eugenia, Dysoxylum, Litsea, Machilus, Aphanomixis, Callicarpa, Aporusa,* etc.
4	Group 4B	Littoral and Swamp Forests – the Mangroves	The tidal mangrove forests of Ganga-Brahmaputra delta (Sunderbans)	4263 sq.km.	Goran (*Ceriops roxburghiana*) Gnewa (*Excoecaria agallocha*) Sundari (*Heritiera minor*) Baen (*Avicennia officinalis*) Dhundal (*Carpa obovata*), etc.
5	Group 4D	Littoral and Swamp Forests- Tropical Seasonal Swamps of *Barringtonia*.	Malda and Dinajpur (N and S)	20 sq.km.	Hijal (*Barringtonia acuteangula*)
6	Group 5B	northern Tropical Dry deciduous forests	Bankura, Purulia, Midnapur, Birbhum, Burdwan	4527 sq.km.	Sal (*Shorea robusta*), Peasal (*Pterocarpus marsupium*), Kend (*Diospyros melanoxylon*), Mahul (*Madhuca latifolia*), Kusum (*Schleichera trijuga*), Karam (*Adina cordifolia*), Asan (*Terminalia tomentosa*), Bahera (*T.belerica*), Rahara (*Soyamida febrifuga*), Dhaw (*Anogeissus latifolia*), etc.
7	Group 8B	Northern Sub-Tropical Broad-Leaved Wet Hill forests	North Bengal hills 300m-1650m altitude. Sim, Upper Sumbong, Upper Reyong, Forests blocks of Majua, Lower Babukhola, Phuguri, Bunklong, Khairbani, Mana, Sittong Numbong,	800 sq.km.	*Shorea robusta, Acacia ferrugeana, A. pennata, Aesculus assamica, Aglaia edulis, Artocarpus chama, Bauhinia purpurea, Brucea mollis, Budgelia asiatica, Abrus precatorius, Antidesma acuminatum, Argyrea hookeri,* etc.

			Setikhola, Shivakhola, Mirik, Paglajhora, Kuhi and Latpanchar		
8	Group 11B	Northern Montane Wet Temperate forests	North Bengal hills 1650m-3000m.altitude. Selimbong, Kankibong, Little Rangit, Lopchu, Mahaldiram, Chattakpur, Dhobijhora, Upper Babukhola, Phuguri, Paglajhora and Lower Babukhola forest blocks	150 sq.km.	*Abies densa, Tsuga brunoniana, Acer* spp. The principal species found here are Pipli(*Bucklandia populnea*), *Milisua macrocarpa, Rhus semialata, Aconitum ferox,Schima wallichii, Adhatoda vasica, Swertia chirata,* etc.
9	Group 12C	East Himalayan Moist Temperate forests	North Bengal hills 1500m-1800m. Rimbik	150 sq.km.	*Castanopsis* spp., *Acer* spp., *Aphanomyxis polystachaya, Berchemia floribunda, Alnus nepalensis, Aristolochia planifolia, Trachelospermum axillare, T. fragrans, Zanthoxylum armatum*, etc.
10	Group 14C	Sub - Alipine forests	North Bengal hills 3000m-3700m. Sandakpu, Sabarkum, Phalut	20sq.km.	Sindure Katus (*Castanopsis* sp.), Yew (*Taxus bacata*), *Tsuga brunoniana, Abies densa, Junipers,* Birch (*Betula utilis*), *Rhododendron, Salix, Berberis, Quercus, Cedrus, Larix, Arundineria,* etc.

Fonte: Relatório Florestal 2011 - 2012.

2.7.1. Terra de relva:

Para além dos tipos de floresta acima mencionados, há outro tipo de vegetação mais importante, a vegetação herbácea. Esta vegetação é caraterística das zonas ribeirinhas, que tendem a ser inundadas durante as estações das chuvas, mas permanecem secas no resto do ano. O habitat húmido e o solo rico em nutrientes desta região suportam o crescimento luxuriante de gramíneas altas como *Saccharum spp., Themeda Spp., Narenga Spp., Erianthus spp., Sclerostachya Spp., Phragmites Spp,* Juntamente com as espécies de gramíneas, algumas outras espécies são *Acacia ferrugiana, Adina cordifolia, Leea crispa, L. macrophylla, Bauhinia malaqbarica, Bombax ceiba, Ziziphus mauritiana,* etc.

Mapa - IV. Mapa com a distribuição dos diferentes tipos de Florestas.

2.8. Zonas agro-climáticas de Bengala Ocidental:

O Bengala Ocidental é um Estado baseado na agricultura. 70% da população do Estado reside nas aldeias e depende totalmente da agricultura para satisfazer as suas necessidades quotidianas. Todo o Estado pode ser dividido em seis zonas agro-climáticas. As zonas agro-climáticas do Estado e os respectivos distritos são apresentados no quadro - X, abaixo.

No entanto, a abordagem por região agro-climática falhou devido a -

i) a não consideração das diferenças mínimas entre os solos e as condições ambientais,

ii) falta de critérios uniformes e

iii) utilizando o Estado como unidade de divisão.

Quadro - X. Zonação agro-climática do distrito de Bengala Ocidental

Sl. No.	Agro – climatic Zones	Districts there in
1	Barind	Uttar Dinajpur, Dakshin Dinajpur and Malda
2	Alluvial	Nadia, Burdwan, Hooghly, Howrah, Purba Midnapore (except western part), Murshidabad, Kolkata, North 24-Parganasand South-Western Part of Darjeeling District (Siliguri Subdivision).
3	Coastal	South 24-Parganas.
4	Rar and Eastern Plateau	Parts of Purba and Paschim Midnapore, Birbhum,
		Bankura and Purulia.
5	Terrai	Cooch Behar, Jalpaiguri, Alipurduar and south-western part of Darjeeling
6	Hills	Darjeeling (Entire portion of Kalimpong, Karseong, and nort eastern part of Darjeeling subdivision).

2.9. População de Bengala Ocidental:

Bengala Ocidental é um estado oriental que, de acordo com o Censo de Bengala Ocidental de 2011, é o quarto estado mais populoso da Índia. De facto, é considerado o nono estado mais populoso do mundo. O Estado faz fronteira com o Butão, o Bangladesh e o Nepal. A capital deste Estado é Calcutá, também chamada Calcutá. Este estado é também conhecido pelos Himalaias e sub-Himalaia, bem como pela planície do Ganges. A população de Bengala Ocidental tem vindo a aumentar especialmente na última década.

Este Estado sempre foi conhecido pela sua rica cultura e património. Desde a literatura à política, a população de Bengala Ocidental sempre foi conhecida por produzir escritores e pensadores políticos de renome mundial. Rabindranath Tagore e NetajiSubhash Chandra Bose são alguns dos exemplos que vêm à mente. No passado, registaram-se muitos desenvolvimentos em Bengala Ocidental e não apenas em termos do Censo de Bengala Ocidental de 2011. Este Estado é conhecido pela sua hospitalidade. Qualquer pessoa que já tenha vivido aqui recordará sempre com carinho a simpatia do lugar e das pessoas. Há também muitos locais de restauração que apelam a diferentes tipos de apreciadores de comida. A comida de rua é um ponto de encontro cultural não só para saborear os melhores petiscos, mas também para discutir política, religião e muito mais.

De acordo com os resultados provisórios do recenseamento nacional de 2011, Bengala Ocidental é o quarto estado mais populoso da Índia, com uma população de 91 347 736 habitantes (7,55% da população da Índia). Os bengalis constituem a maioria da população. As minorias Marwaris, Bihari e Odia estão espalhadas por todo o Estado; na região montanhosa dos Himalaias de Darjeeling encontram-se comunidades de Sherpas e de etnia tibetana. O distrito de Darjeeling tem um grande número de imigrantes nepaleses. A Bengala Ocidental é o lar de tribos *indígenas adivasis*, como as tribos Santhal, Kol e Toto. Há um pequeno número de minorias étnicas principalmente na capital do estado, incluindo chineses, tâmeis, gujaratis, anglo-indianos, arménios, punjabis e parsis. A única Chinatown da Índia situa-se no leste de Calcutá.

A língua oficial é o bengali e o inglês. O nepalês é a língua oficial em três subdivisões do distrito de Darjeeling. A partir de 2001, por ordem decrescente do número de falantes, as línguas do Estado são: Bengali, Hindi, Santali, Urdu, Nepali e Odia. Línguas como o Ho são usadas em algumas partes do estado.

Em 2001, o hinduísmo era a religião seguida por 72,5% da população total, enquanto os muçulmanos constituíam 25,2% da população total, sendo a segunda maior comunidade e também o maior grupo minoritário; o sikhismo, o cristianismo e outras religiões constituíam o restante. O Estado contribui com 7,8% da população da Índia. A taxa de crescimento decenal do estado entre 2001 e 2011 foi de 13,93%, inferior à taxa de crescimento de 1991-2001 de 17,8%, e também inferior à taxa nacional de 17,64%. O rácio de género é de 947 mulheres por cada 1000 homens. Em 2011, a Bengala Ocidental tinha uma densidade populacional de 1 029 habitantes por quilómetro quadrado, o que a torna o segundo estado mais densamente povoado da Índia, a seguir a Bihar.

A taxa de alfabetização é de 77,08%, superior à taxa nacional de 74,04%. Dados do site 19951999 mostram que a expetativa de vida no estado é de 63,4 anos, superior ao valor nacional de 61,7 anos. Cerca de 72% das pessoas vivem em áreas rurais. Em 1999-2000, a proporção de pessoas que viviam abaixo do limiar de pobreza era de 31,9%. As castas e tribos registadas representam 28,6% e 5,8% da população, respetivamente, nas zonas rurais, e 19,9% e 1,5%, respetivamente, nas zonas urbanas. Um estudo efectuado em três distritos de Bengala Ocidental revelou que o acesso a serviços de saúde privados para tratar doenças tinha um impacto catastrófico nos agregados familiares. Este facto indica o valor da provisão pública de serviços de saúde para mitigar a pobreza e o impacto da doença nos agregados familiares pobres.

CAPÍTULO - III

ORIGEM DO PROBLEMA DE INVESTIGAÇÃO

A inventariação da riqueza vegetal é a maior necessidade da civilização atual para o desenvolvimento do país, bem como para a elevação da população do país. O Bengala Ocidental é biologicamente muito rico, pois contém o distrito de Darjeeling dentro da sua fronteira política, que faz parte dos Hotspots dos Himalaias Orientais do subcontinente indiano. Mas é lamentável que, até à data, o Estado não possua qualquer registo florístico próprio.

David Prain (1903) realizou uma tarefa hercúlea. Publicou a descrição florística da então província de Bengala sob o domínio britânico na sua publicação "Bengal Plants" em dois volumes. No seu estudo, Prain incluiu 2.771 espécies em 1.124 géneros pertencentes a 151 famílias. Até à data, esta é a única lista das plantas do Estado. Mas, com um longo intervalo de 110 anos, a posição política e geográfica e a localização da atual Bengala Ocidental variam muito em relação à província de Bengala de David Prain. Com a divisão da Índia durante a sua independência, uma grande parte da província de Bengala separou-se da Índia e existe atualmente como um país independente, o Bangladesh. O atual estado de Bengala Ocidental é constituído por 4 zonas botânicas das 11 zonas botânicas consideradas por Prain *(l.c.)* no seu conspecto florístico. Para além destas zonas, o próprio Prain considera que a sua flora não é uma descrição completa das plantas de Bengala, uma vez que não incluiu uma parte da flora das colinas de Darjeeling e das regiões sundarban do estado. Mais tarde, Prain *(l.c.)* estudou e publicou a *Flora de Sundariban* em (1905), mas a flora dos distritos de Darjeeling permanece intocada.

Assim, atualmente, é muito necessária uma descrição das plantas do estado de Bengala, porque o país vizinho Bangladesh, que se formou com a independência da Índia juntamente com a formação do estado de Bengala Ocidental, possui a sua própria flora, com nomenclatura actualizada (Pasha *etal.*2013), mas o estado de Bengala Ocidental continua a não ter a sua própria documentação florística.

3.1. O escrutínio da literatura:

Vários trabalhadores, a começar por Clushaw (1952), esforçaram-se por estudar a composição florística do Estado independente de Bengala Ocidental e surgiu também uma longa lista de publicações que não são aqui mencionadas, tendo sido já publicado um registo bibliográfico do Estado por Mitra *et al.* (2010). Após a publicação do trabalho bibliográfico de Mitra *et al. (l.c.),* foram também publicados vários outros artigos sobre a flora e a vegetação do Estado de Bengala Ocidental. Alguns desses artigos relacionados são - Singh *et al.* (2010), Sujay (2010), Chowdhury e Das (2010, 2011a, 2011b, 2013, 2014), Banerjee *et al,* (2011), Sanjappa *et al.* (2012), Sen Sharma et al (2012), Biswas *et al.* (2013), Rai *et al.* (2011), Rao *et al.* (2013), Srinivas *et al.* (2013), Pal *et al.* (2014), Chowdhury *et al.* (2014), Gopikrishna (2014), Shukla *et al.* (2014), Yonzone *et al.* (2014), Moktan e Das (2014), DEbnath et al. (2013), etc. A leitura desta literatura revelou que, com exceção da publicação da *Flora de Bengala Ocidental* Vol. - I, não existe uma publicação consolidada sobre a flora de Bengala Ocidental. Embora vários grupos ou famílias da composição florística do Estado tenham sido publicados por diversos autores e o estudo da flora distrital de todos os distritos do Estado esteja mais ou menos concluído.

Recentemente, Chakravarty et al. (*l.c.*) publicaram uma descrição da análise estatística da flora de Bengala Ocidental com 3 589 espécies em 1 333 famílias em 165 famílias. Mas esse trabalho também continha uma enumeração incompleta das plantas de Bengala, pelo que continuamos às escuras no que diz respeito às estatísticas da flora de Bengala Ocidental, que é uma necessidade extrema neste momento para o Estado. Tendo isto em mente, o presente trabalho foi elaborado com o objetivo de fornecer uma ideia estatística completa sobre a composição florística do Estado como documentação em primeira mão. Os números aqui considerados podem ser alterados após um estudo crítico e um levantamento do respetivo grupo e canto do Estado.

3.2. Materiais e métodos:

O presente trabalho baseia-se inteiramente na análise dos espécimes recolhidos e depositados em diferentes herbários estatais, como o Herbário Nacional Central do Botanical Survey of India (CAL), o Herbário da Secção Industrial do Museu Indiano (BSIS), o Herbário da Universidade de Calcutá, o Herbário dos Jardins Eden de Calcutá, o Herbário do Jardim Botânico de Lloyd, o Herbário depositado na Universidade de Kalyani, o Herbário depositado no K. N. College Murshidabad, etc., e o exame da literatura publicada. N. College Murshidabad, algumas colecções dispersas depositadas no Museu Carrey do Serampore College, etc. e análise da literatura publicada.

Os autores realizaram viagens de campo frequentes para estudar a vegetação durante os últimos 20 anos em diferentes cantos do estado. As viagens de campo são documentadas através de fotografias das diferentes plantas e da vegetação de diferentes tipos de florestas.

Durante a análise do herbário do Jardim Botânico Llyoid de Darjeeling, verificou-se que existem algumas colecções recolhidas por diferentes coleccionadores de botânicos eminentes como George King, William Roxburg, Griffith, Sulp Kurz, etc. e muitos outros que não estão incluídos na flora do Estado. Para além disso, a publicação da *Flora do Butão* revela também que no herbário de Edimburgo e no Herbário Nacional do Governo Real do Butão existem muitos espécimes recolhidos nos diferentes cantos do Estado, que são publicados pela primeira vez. Algumas destas famílias, que não estão incluídas na lista florística do Estado, são aqui representadas no quadro com asteriscos (*).

Há que esclarecer mais um ponto: o número de elementos florísticos do Estado aqui considerado não é definitivo, porque a taxonomia é uma ciência evolutiva. Existem alguns cantos remotos do estado, especialmente no distrito de Darjeeling, que ainda não foram explorados e explorados do ponto de vista florístico. Após a exploração completa, os números podem ser alterados devido à incorporação de novos taxa de plantas na lista florística do Estado.

CAPÍTULO - IV

ANÁLISE DA FLORA DE BENGALA OCIDENTAL

4.1. Análise Estatística da Flora do Estado:

O Estado de Bengala Ocidental apresenta uma diversidade vegetal espetacular, dotada de uma flora que vai desde a floresta litoral de Sundarban até à vegetação temperada do distrito de Darjeeling, juntamente com a vegetação de arbustos secos e caducifólios da parte ocidental do Estado.

O quadro XI apresenta uma comparação pormenorizada dos géneros e espécies registados no estado de Bengala Ocidental com os registados anteriormente por Chakravarty et al. *(l.cf,* Karthikeyan (2000 e 2009) da Índia e Mabberly (2008) do mundo.

Quadro - VITConsideração comparativa dos conspectos das famílias, géneros e espécies objeto do presente estudo e da observação feita por Chakravarty et al. (1999).

SL. NO.	NAME OF THE FAMILIES	No. of Genera in the State (Under present Study)	No. of Genera in the State (Reported by Chakravarty et al., 1997)	No. of Genera in India (Karthikeyan, 2000 &Karthikeyan et al 2009)	% (In respect to genera in the state and Genera in India)	No. of Species in the State (Under present study)	No. of the Species in the State (Reported by Chakravarty et al., 1997)	No. of Taxa in India (Karthikeyan, 2000 &Karthikeyan et al 2009)	% (In respect to species in the state and species in India)	Genera in World (As per Mabberly, 2008)	Species in World (As per Mabberly, 2008)
MAGNOLIOPSIDA											

1	Acanthaceae	49	46	49	100	131	120	541	24.21	212	3175
2	Aceraceae	1	1	1	100	9	12	28	32.14	Treated under Sapindaceae	
3	Actinidiaceae	2	1	2	100	3	2	12	25.00	3	360
4	Aizoaceae	6	5	3	-	11	8	9	-	127	1860
5	Alangiaceae	1	1	1	100	3	3	5	60.00	Include in Cornaceae	
6	Amaranthaceae	15	14	18	83.33	32	29	72	44.44	175	2000
7	Anacardiaceae	10	10	19	52.63	15	13	71	21.12	96	850
8	Annonaceae	10	10	23	43.47	20	20	142	14.08	123	2100
9	Apocynaceae	23	23	37	62.16	37	36	118	31.35	380	4700
10	Aquifoliaceae	1	1	1	100	9	6	30	30	1	400
11	*Araliaceae	11	X	14	78.57	20	X	66	30.30	39	1425
12	Aristolochiaceae	1	1	4	25.00	4	1	28	14.28	9	465
13	Asclepiadaceae	29	29	46	63.04	51	51	78	65.38	Treated under Apocynaceae	
14	Averhoaceae	1	1	1	100	2	2	2	100	Treated under Oxalidaceae	
15	Aviciniaceae	1	1	1	100	3	1	3	33.33	Treated under Acanthaceae	
16	Balanitaceae	1	1	X	-	3	3	X	-	Treated under Zygophyllaceae	
17	Balanophoraceae	2	1	3	66.66	5	3	10	50	17	46
18	Balsaminaceae	1	1	1	100	32	32	200	16.00	2	1000
19	Barringtoniaceae	1	1	4	25	1	1	14	7.14	Treated under Lecythidaceae	
20	Basellacaeae	1	1	1	100	1	1	1	100	4	19
21	Begoniaceae	1	1	1	100	17	17	61	27.86	2	1400
22	Berberidaceae	2	2	3	66.66	11	11	89	12.35	14	715
23	Betulaceae	4	2	2	-	6	55	8	75.00	6	140
24	Bignoniaceae	7	7	20	35.00	11	11	40	27.50	82	810
25	Bixaceae	1	1	2	50	1	1	2	50	4	21
26	Bombacaceae	3	3	3	100	3	3	5	60	Treated under Malvaceae	
27	Boraginaceae	11	11	43	25.58	21	20	246	8.53	142	2450
28	*Buddlejaceae	1	X	X	-	3	X	X	-	Treated under Scrophulariaceae	
29	Burseraceae	4	4	8	50	5	5	24	20.83	18	640
30	*Buxaceae	1	X	2	50	2	X	6	33.33	5	50
31	Cataceae	3	3	1	-	5	5	3	-	118	1210
32	Callitrichaceae	1	1	1	100	1	1	6	16.66	Treated under Plantaginaceae	
33	Campanulaceae	7	4	12	58.33	26	10	46	56.52	79	1900
34	Cannabidaceae	1	1	1	100	1	1	1	100	10	80
35	Capparaceae	5	5	7	71.42	19	18	59	32.20	19	510
36	Caprifoliaceae	5	5	7	71.42	17	16	84	20.23	33	900
37	*Carlemanniaceae	1	X	X	-	2	X	X	-	2	5
38	Cardiopteridaceae	1	1	1	100	1	1	1	100	1	2
39	Caricaceae	1	1	1	100	1	1	1	100	6	34
40	Caryophyllaceae	14	12	25	56	33	24	137	24.08	85	2630
41	Casuarianaceae	1	1	1	100	1	1	2	50	4	95
42	Celastraceae	8	5	16	50	24	15	112	21.42	100	1300
43	Ceratophyllaceae	1	1	1	100	1	1	2	50	2	6
44	Chenopodiaceae	2	2	19	10.52	4	3	54	7.40	Treated under Amaranthaceae	
45	*Chloranthaceae	1	X	2	50	1	X	3	33.33	4	75
46	Clusiaceae	4	4	5	80	8	8	53	15.80		
47	Cochliospermaceae	1	1	X	-	1	1	X	-	Treated under Bixaceae	
48	Combretaceae	6	6	8	75	16	12	48	33.33	17	525
49	Compositeae	99	79	204*	48.52	229	133	1319*	17.16	1590	23,600

	(Asteraceae)										
50	Convolvulaceae	15	15	29	51.72	57	57	238	23.94	52	1650
51	Cornaceae	6	2	7	85.71	7	3	18	38.88	02	80
52	Crassulaceae	3	3	10	30	9	7	77	11.68	29	1380
53	Cruciferae (Brassicaceae)	12	10	64	18.75	24	19	215	10.95	321	3400
54	Cucurbitaceae	29	20	46*	63.04	50	30	134	37.31	122	940
55	Cuscutaceae	1	1	1	100	3	3	7	42.85	Treated under Convolvulaceae	
56	Datiscaceae	1	1	2	50	1	1	2	50	3	4
57	Dilleniaceae	2	2	3	66.66	4	4	12	33.33	13	300
58	Dipsacaceae	3	3	4	75	6	6	10	60	2	11
59	Dipterocarpaceae	3	3	5	60	3	3	30	10	17	535
60	Droseraceae	2	2	2	100	3	3	4	75	3	105
61	Ebenaceae	1	1	1	100	6	6	51	11.76	3	575
62	*Elaeagnaceae	1	X	2	50	3	X	29	10.34	3	45
63	Eleocarpaceae	2	2	2	100	11	5	34	32.35	12	600
64	Elatinaceae	1	1	2	50	1	2	8	12.50	2	34
65	Ericaceae	8	6	13	61.52	52	48	115	45.21	117	3850
66	Euphorbiaceae	37	37	84	44.04	116	111	527	22.01	229	6500
67	Fagaceae	4	3	6	66.66	14	16	77	18.18	7	970
68	Flacourtiaceae	3	3	10	30.00	8	8	38	21.25	Not estimated	
69	Fumariaceae	3	3	4	75	7	6	67	10.45	Treated under Papaveraceae	
70	Gentianaceae	8	7	24	33.33	22	12	127	17.32		
71	Geraniaceae	1	1	5	20.00	4	3	48	8.33	5	650
72	Gesneriaceae	12	5	24	50.00	36	11	132	27.27	139	2900
73	*Grossulariaceae	1	X	X	-	1	X	X	-	1	200
74	Haloragaceae	1	1	4	25.00	2	2	13	15.38	10	130
75	Hamamelidaceae	1	1	7	14.28	1	1	10	10..0	29	
76	Hippocastanaceae	1	1	1	100	2	1	2	100	Treated under Sapindaceae	
77	*Hippocrateaceae	2	X	X	-	3	X	X	-	Treated under Celastraceae	
78	*Hydrangeaceae	1	X	X	-	3	X	X	-	17	220
79	Hydrophyllaceae	1	1	2	50.00	1	1	2	50.00	Treated under Boraginaceae	
80	Hypericaceae	1	1	3	33.33	12	11	35	34.28	8	480
81	Icacinaceae	3	3	12	25.00	3	3	27	11.11	52	300
82	*Illiciaceae	1	X	1	100.00	1	X	4	25.00	Treated under Schizandraceae	
83	*Juglandaceae	1	x	2	50.00	1	X	5	20.00	8	61
84	Labiateae (lamiaceae)	39	29	72	54.16	90	51	523	17.20	238	6500
85	Lardizabalaceae	1	1	3	33.33	1	1	6	16.66	10	35
86	Lauraceae	12	10	17	70.58	49	46	234	20.94	52	2550
87	Lecythidaceae	1	1	1	100.00	2	2	1	-	25	325
88	Leeaceae	1	1	X	-	7	6	X	-	Treated under Vitaceae	
89	Leguminosae (Fabaceae) [s.l.]	98	97	199	49.24	333	324	1420	23.45	720	19,500
90	Lentibulariaceae	1	1	2	50.00	11	11	36	30.53	3	275
91	Linaceae	2	2	5	40.00	5	3	12	41.66	10	280
92	Lobeliaceae	2	2	X	-	4	4	X	-	Treated under Campanulaceae	
93	Loganiaceae	5	5	11	45.45	8	8	44	18.18	14	400
94	Loranthaceae	8	7	14	57.14	18	17	82	21.95	84	950
95	Lythraceae	6	6	11	54.54	16	16	57	17.20	31	600
96	Magnoliaceae	4	2	3	-	11	9	24	16.66	2	221
97	Malphigiaceae	2	2	4	50	3	3	25	20.94	68	1200
98	Malvaceae	17	17	22	77.27	52	52	116	-	113	5000
99	Melastomataceae	6	6	21	28.57	17	17	181	-	179	5150
100	Meliaceae	13	12	23	56.52	22	14	126	23.30	50	650

101	Menispermaceae	8	8	22	36.36	12	11	45	30.53	71	450
102	Menyanthaceae	1	1	1	100	2	2	4	41.66	5	55
103	Molluginaceae	1	1	X	-	2	2	X	-	11	100
104	Martyniaceae	1	1	1	100	1	1	1	18.18	5	16
105	*Monotropaceae	2	X	4	50	2	X	5	21.95	Treated under Ericaceae	
106	Moraceae	7	7	13	53.84	49	47	122	28.07	38	1150
107	Moringaceae	1	1	1	-	1	2	2	45.83	1	13
108	*Myricaceae	1?	x	1	100	1?	x	1	12.	4	50
109	*Myristicaceae	2	X	5	40	3	X	29	44.82	19	520
110	Myrsinaceae	6	6	12	50	20	19	109	9.39	Treated under Primulaceae	
111	Myrtaceae	4	3	14	28.57	20	12	162	17.46	131	5500
112	Nelumbonaceae	1	1	1	100	1	1	1	26.66	1	2
113	Nyctaginaceae	4	4	4	100	6	4	15	50	5	95
114	*Nyctanthaceae	1	x	X	-	1	x	X	-	Treated under Oleaceae	
115	Nymphaeaceae	1	1	2	50	4	4	7	57.14	5	95
116	Nyssaceae	1	1	1	100	1	1	1	100	15	323
117	Ochnaceae	1	1	4	25	2	2	6	33.33	30	450
118	Olacaceae	2	2	5	40	3	3	15	20	21	120
119	Oleaceae	9	9	10	90	23	23	138	16.66	24	800
120	Onagraceae	3	3	6	50	12	12	70	17.14	22	656
121	Opiliaceae	2	2	3	70	2	2	34	5.88	10	32
122	Orobanchaceae	4	2	7	57.14	6	3		37.5	96	2100
123	Oxalidaceae	2	2	2	100	7	7	19	36.84	5	565
124	Papavaraceae	3	3	5	60	8	8	27	29.62	43	820
125	Passifloraceae	2	2	3	70	7	7	24	29.16	25	725
126	Pedaliaceae	1	1	2	50	1	1	4	25	13	72
127	Periplocaceae	2	2	X	-	2	2	X	-	Treated under Apocynaceae	
128	Petiveriaceae	1	1	X	-	1	1	X	-	Treated under Phytolaccaceae	
129	*Philadelphaceae	1	X	X	-	2	X	X	-	Treated under Hydrangeaceae	
130	Phytolaccaceae	2	1	4	50	2	1	6	33.33	16	65
131	Piperaceae	2	2	4	50	15	15	111	13.51	6	2750
132	Pittosporaceae	1	1	1	100	2	2	12	16.66	7	250
133	Plantaginaceae	1	1	1	100	3	2	15	20	101	1900
134	Plumbaginaceae	1	1	6	16.66	2	2	10	20	29	730
135	Podophyllaceae	1	1	1	100	1	1	3	33.33	Treated under Barberidaceae	
136	*Podostemaceae	1	X	9	11.11	1	X	20	5	47	270
137	Polygalaceae	2	2	4	50	10	10	39	25.64	19	925
138	Polygonaceae	10	5	18	55.55	48	38	237	20.25	46	1200
139	Portulaceae	1	1	2	50	3	3	9	33.33	20	325
140	Primulaceae	5	5	10	50	34	34	124	27.41	60	2575
141	Proteaceae	2	1	2	100	2	1	7	28.57	75	1775
142	Punicaceae	1	1	X	-	1	1	X	-	Treated under Lythraceae	
143	Ranunculaceae	15	15	28	53.57	56	54	217	25.80	56	2100
144	Rhamnaceae	7	7	15	46.66	17	16	74	22.97	57	950
145	Rhizophoraceae	5	5	8	62.5	10	10	18	55.55	15	135
146	Rosaceae	18	14	40	45	63	55	517	12.18	85	3000
147	Rubiaceae	49	44	113	43.36	119	116	695	17.12	563	10,900
148	Rutaceae	15	15	29	51.72	35	28	137	17.76	158	1900
149	Sabiaceae	2	2	2	100	9	8	22	40.90	3	50
150	Salicaceae	2	2	2	100	18	6	82	21.95	54	120
151	Salvadoraceae	1	1	3	33.33	1	1	4	25	3	10
152	Santalaceae	3	1	10	30	5	1	20	25	44	875
153	Sapindaceae	10	10	21	47.61	12	12	60	20	131	1450
154	Sapotaceae	6	6	14	42.85	8	8	54	14.81	53	975
155	*Sarcospermataceae	1	X	X	-	1	X	X	-	Treated under Sapotaceae	

156	Sauriaceae	1	1	X	-	4	4	X	-	Treated under Actinidiaceae	
157	Saxifragaceae	12	12	17	70.58	35	34	172	2034	30	625
158	Schisandraceae	2	2	2	100	3	6	7	42.85	3	73
159	Scrophulariaceae	31	24	62	50	71	64	421	16.86	154	1800
160	Simaroubaceae	3	3	9	33.33	3	3	17	17.64	13	95
161	Solanaceae	17	8	17	100	44	30	98	44.89	91	2450
162	Sonnertiaceae	2	2	2	100	3	3	4	75	Treated under Lythraceae	
163	Sphenocleaceae	1	1	X	-	1	1	X	-	1	2
164	Stachyuraceae	1	1	1	100	1	1	1	100	1	6
165	Sterculiaceae	15	15	19	78.94	22	22	71	30.98	Treated under Malvaceae	
166	Staphyleaceae	1	1	X	-	2	2	X	-	3	22
167	*Strychnaceae	1	X	X	-	1	X	X	-	Treated under Loganiaceae	
168	Stylidiaceae	1	1	2	50	2	2	2	100	4	200
169	Styraceae	2	2	5	40	2	2	68	2.94	11	160
170	Symplocaceae	1	1	X	-	11	11	X	-	1	260
171	Tamariaceae	1	1	3	33.33	3	3	16	18.75	5	79
172	*Ternstroemiacea e	1	X	X	-	1	X	X	-	Treated under Pentaphyllacea e	
173	Theaceae	4	4	9	44.44	8	6	28	28.57	7	240
174	*Thymelaeaceae	2	X	14	14.28	4	X	25	16	45	850
175	Tiliaceae	4	4	8	50	17	17	53	32.07	Treated under Malvaceae	
176	Toricelliaceae	1	1	X	-	1	1	X	-	3	11
177	Trapaceae	1	1	1	100	1	1	3	33.33	Treated under Lythraceae	
178	Tropeolaceae	1	1	1	100	1	1	1	100	1	90
178	Turneraceae	1	1	1	100	2	2	2	100	Treated under Passifloraceae	
180	Ulmaceae	5	5	6	83.33	8	88	30	26.66	7	50
181	Umbelliferae (Apiaceae)	21	21	72	30.43	43	31	123	16.10	428	3500
182	Urticaceae	15	12	29	51.72	68	46	214	31.77	55	1650
183	Valerinaceae	3	2	5	60.00	4	3	29	13.79	Treated under Caprifoliaceae	
184	Verbenaceae	17	15	23	73.91	53	50	166	31.92	35	1150
185	Violaceae	3	3	3	100	17	17	45	37.77	24	700
186	Viscaceae	1	1	X	-	4	4	X	-	Treated under Santalaceae	
187	Vitaceae	7	6	11	63.63	33	29	115	28.69	13	275
188	Zygophyllaceae	3	2	6	50	3	2	20	15	26	280
	LILIOPSIDA										
189	Agavaceae	2	2	2	100	2	2	21	9.21	Treated under Asparagaceae	
190	Alismatacaeae	3	3	6	50	6	6	16	37.5	14	100
191	Amaryllidaceae	4	4	5	80	8	8	31	25.80	60	900
192	*Anthericaceae	1	X	X	-	2	X	X	-	Treated under Asparagaceae	
193	Aponogitonacea e	1	1	1	100	2	2	8	25	1	45
194	Araceae	18	16	29	62.06	39	37	145	26.89	105	3250
195	*Asparagaceae	1	X	X	-	4	X	X	-	51	670
196	Bromeliaceae	1	1	X	-	1	1	X	-	59	2650
197	Burmaniaceae	1	1	2	50	2	1	8	25	9	100
198	Cannaceae	1	1	1	100	1	1	4	25	1	10
199	Commelinaceae	9	7	14	64.28	30	20	99	30.30	40	600
200	*Convallariacea e	5	X	X	-	20	X	X	-	Treated under Asparagaceae	
201	Costaceae	1	1	X	-	1	1	X	-	7	105
202	Cyperaceae	17	14	38	44.73	139	125	651	21.35	92	4450

203	Dioscoreaceae	1	1	3	33.33	17	13	67	25.37	3	630
204	*Dracaenaceae	1	X	X	-	1	X	X	-	Treated under Asparagaceae	
205	Eriocaulaceae	1	1	1	100	20	20	70	28.57	11	1100
206	Flagellariaceae	1	1	1	100	1	1	1	100	1	4
207	Gramineae (Poaceae)	133	150	263	50.57	393	433	1445	27.19	715	10,550
208	*Hemerocallidaceae	1	X	X	-	1	X	X	-	18	63
209	Hydrocharitaceae	7	7	9	77.77	9	9	20	45	18	120
210	Hypoxidaceae	3	1	3	100	6	2	9	66.66	9	120
211	Iridaceae	4	3	5	80	5	4	21	23.80	70	2000
212	Juncaceae	2	2	2	100	13	10	53	24.52	7	430
213	Lemnaceae	2	2	4	50	4	4	13	30.76	Treated under Araceae	
214	Liliaceae	16	20	45	35.55	26	30	248	10.48	16	600
215	Marantaceae	3	3	6	50	4	3	14	28.57	30	630
216	Melanthiaceae	3	X	X	-	5	X	X	-	16	120
217	Musaceae	1	1	2	50	4	5	25	16	3	44
218	Najadaceae	1	1	1	100	5	5	19	26.31	Treated under Hydrocharitaceae	
219	Orchidaceae	111	43	184	60.32	468	112	1301	35.97	779	22,500
220	Palmae (Arecaceae)	13	15	21	61.90	22	26	96	22.91	189	2400
221	Pandanaceae	1	1	2	50	5	4	17	29.41	4	825
222	*Phormiaceae	2	X	X	-	2	X	X	-	Treated under Hemerocallidaceae	
223	Pontederiaceae	2	2	2	100	3	3	3	100	9	35
224	Potamogetonaceae	1	1	1	100	5	5	22	22.72	7	115
225	Ruppiaceae	1	1	1	100	1	1	2	50	1	7
226	Smilacaceae	2	1	2	100	13	10	36	36.11	2	360
227	*Trilliaceae	2	X	X	-	3	X	X	-	Treated under Melanthiaceae	
228	Typhaceae	1	1	1	100	2	2	3	66.66	1	12
229	Uvulariaceae	3	X	X	-	5	X	X	-	Treated under Colchiaceae	
230	Xyridaceae	1	1	1	100	2	2	6	33.33	5	275
231	Zanichelliaceae	1	1	1	100	1	1	1	100	Treated under Potamogetonaceae	
232	Zingiberaceae	13	9	24	54.16	38	30	206	18.44	48	1275
TOTAL	232	1575	1333			4488	3580				

No presente estudo, observou-se que o estado possui 4.488 taxa pertencentes a 1575 géneros de 232 famílias. O estudo anterior de Chakravarty *et al. (l.c.)* referiu 3.580 taxa pertencentes a 1333 géneros e a 200 famílias. O presente resumo estatístico da florística de Bengala Ocidental é apresentado no quadro - XII figura - I.

Quadro - XII. Análise do registo florístico de Bengala Ocidental

Present Study				Observation made by Chakravarty (1999)			
Rank of the Taxa	Magnoliopsida	Liliopsida	Total	Rank of the Taxa	Dicot	Monocot	Total
Family	188	44	232	Family	165	35	200
Genera	1176	399	1575	Genera	1014	319	1333
Species	3147	1346	4488	Species	2641	939	3580

Fig. - 1. comparação entre géneros e espécies da família

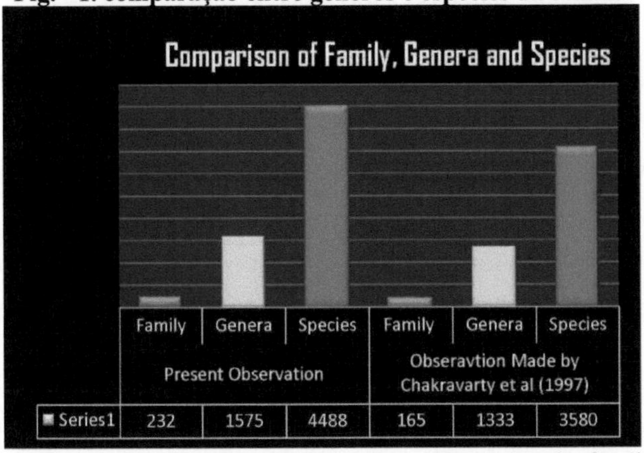

A partir do quadro III, observou-se que a proporção da família, géneros e espécies pertencentes ao grupo Magnoliopsida e Liliopsida é de 4,27 : 1, 2,94 : 1 e 2. 34 : 1 respetivamente, em comparação com 5 : 1 a nível de família e 3 : 1 a nível de géneros e espécies, como observado por Chakravarty *et. al* (*l.c.*), no contexto indiano a razão dos géneros Dicot e monocot é 3.25 : 1 e a razão de espécies Dicot : Monocot é 3 : 1, respetivamente.

A lista comparativa das 10 famílias dominantes com base no número de géneros é enumerada no quadro XIII, juntamente com o observado por Chakravarty *et al. (l.c.).*

Quadro - XIII. Famílias dominantes de Bengala Ocidental com base na diversidade genérica

Ten Dominant Family based on generic diversity under present Study			Ten Dominant Family based on generic diversity as recorded by Chakravarty et al. (1999)		
Sl. No	**Name of the Family**	**Number of Genera**	**Sl. No.**	**Name of the Family**	**Number of Genera**
1	Poaceae	133	1	Poaceae	150
2	Orchidaceae	111	2	Fabaceae (*s.l.*)	97
3	Asteraceae	99	3	Asteraceae	79
4	Fabaceae (*s.l.*)	98	4	Acanthaceae	46
5	Acanthaceae	49	5	Rubiaceae	44
5a	Rubiaceae	49			
6	Lamiacaea	39	6	Orchidaceae	43
7	Euphorbiaceae	37	7	Euphorbiaceae	37
8	Scrophulariaceae	31	8	Asclepiadaceae	29
9	Asclepiadaceae	29			
			9	Scrophulariaceae	24
9a	Cucurbitaceae	29			
10	Apocynaceae	23	10	Apocynaceae	23

A lista das 10 famílias dominantes com base no número de espécies mostra que a 1.ª posição desta lista é ocupada pela família Orchidaceae, que ocupava a 7.ª posição na lista anterior, e a família Gramineae surge na 2.ª posição, a partir da 1.ª posição na lista anterior. As 10 famílias dominantes do estado de Bengala Ocidental com base no número de espécies (incluindo taxa infra-específicos) são apresentadas no quadro XIV abaixo, juntamente com as mesmas observadas no estudo anterior de Chakravarty *et al.* *(l.c.)*.

Quadro - XIV. Famílias dominantes de Bengala Ocidental com base na diversidade de espécies

Ten Dominant Family based on Species diversity under present Study			Ten Dominant Family based on Species diversity as recorded by Chakravarty et al. (1999)		
Sl. No.	**Name of the Family**	**No. of Species**	**Sl. No.**	**Name of the Family**	**No. of Species**
1	Orchidaceae	**467**	1	Poaceae	**433**
2	Poaceae	**393**	2	Fabaceae (*s.l.*)	**324**
3	Fabaceae (*s.l.*)	**331**	3	Asteraceae	**133**
4	Asteraceae	**229**	4	Cyperaceae	**125**
5	Cyperaceae	**139**	5	Acanthaceae	**120**
6	Acanthaceae	**131**	6	Rubiaceae	**116**
7	Rubiaceae	**119**	7	Orchidaceae	**112**
8	Euphorbiaceae	**116**	8	Euphorbiaceae	**111**
9	Lamiaceae	**90**	9	Scrophulariaceae	**64**
10	Scrophulariaceae	**71**	10	Convolvulaceae	**57**

Uma das caraterísticas mais singulares do estudo da diversidade florística é o estudo das famílias monotípicas e dos géneros monotípicos dos componentes florísticos de qualquer região. Na composição florística do estado de Bengala Ocidental, existem 15 famílias monotípicas, o que representa 6,43% do total de famílias do estado. Destas 15 famílias monotípicas, 10 (5,31%) pertencem ao grupo Magnoliopsida e 5 famílias (11,36%) pertencem ao grupo Liliopsida. Da mesma forma, de um total de 1575 géneros, 59 géneros (3,74%) são géneros monotípicos registados no Estado. A lista das famílias monotípicas e dos 17 géneros monotípicos é apresentada nos quadros XV e XVI, respetivamente.

Quadro - XV. Conspecto das famílias monotípicas de Bengala Ocidental

Sl. No.	Name of the Family	Generic diversity			Species diversity		
Magnoliopsida (Dicotyledons)							
		State (Under present study)	India (After Karthikeyan et al. 2000)	World (After Mabberly, 2008)	State (Under present study)	India (After Karthi keyan et al. 2000)	World (After Mabberly, 2008)
1	Aquifoliaceae	1	1	1	6	30	400
2	Cardipteridaceae	1	1	1	1	1	2
3	Grossulariaceae	1	X	1	1	X	200
4	Moringaceae	1	1	1	2	2	13
5	Nelumbonaceae	1	1	1	1	1	2
6	Nyctanthaceae	1	1	Terated within Oleaceae	1	1	Terated within Oleaceae
7	Nymphyeaceae	1	1	Terated within Nelumbonace ae	4	7	Terated within Nelumbonac eae
8	Sphenocleaceae	1	X	1	1	X	2
9	Stachyuraceae	1	1	1	1	1	6
10	Tropeolaceae	1	1	1	1	1	90
Liliopsida (Monocotyledons)							
11	Aponogetonaceae	1	1	1	2	8	45
12	Cannaceae	1	1	1	1	4	10
13	Flagellariaceae	1	1	1	1	1	4
14	Ruppiaceae	1	1	1	1	2	7
15	Typhaceae	1	1	1	2	3	12

Quadro - XVI. Espécimes dos géneros monotípicos do estado de Bengala Ocidental.

Sl. No.	Name of the Monotypic Genus of State	Family
1	*Blumeopsis*	Asteraceae
2	*Casesulia*	Asteraceae
3	*Cavea*	Asteraceae
4	*Chrysanthellum*	Asteraceae
5	*Eleutheranthera*	Asteraceae
6	*Goniocaulon*	Asteraceae
7	*Hemistipta*	Poaceae
8	*Hygrorhyza*	Poaceae
9	*Lablab*	Fabaceae (*s.l.*)
10	*Ochthocloa*	Poaceae
11	*Tamarindus*	Fabaceae (*s.l.*)
12	*Thysaenolaena*	Poaceae
13	*Foeniculum*	Apiaceae
14	*Bischofia*	Euphorbiaceae
15	*Ricinus*	Euphorbiaceae
16	*Trewia*	Euphorbiaceae
17	*Parthenium*	Asteraceae

4.2. Flora exótica do Estado:

A invasão de plantas é um fenómeno natural. Com a expansão da civilização, numerosas espécies exóticas são também introduzidas num local, quer como espécies cultivadas economicamente importantes, quer como espécies de plantas ornamentais ou como ervas daninhas. Mais tarde, estas espécies tornam-se parte dos elementos florísticos dessa área e são agora reconhecidas como espécies naturalizadas. Para além destas, existem algumas plantas exóticas que não são apenas escavadas numa região, mas depois de entrarem numa nova região, estas espécies destruíram gradualmente a vegetação natural dessa região e tornaram-se a composição florística principal dessa região. Estas espécies são conhecidas como espécies invasoras. Na Convenção sobre a Biodiversidade de 1992, estas espécies exóticas invasoras são consideradas como ameaças graves à biodiversidade e são tão graves como as ameaças criadas pela destruição do habitat.

Recentemente, Das (2002) e Das e Ghosh (2011) reconheceram 114 espécies de plantas naturalizadas ou semi-naturalizadas da região de Darjeeling, das quais 99 espécies pertencem ao grupo das dicotiledóneas e as restantes 15 espécies pertencem ao grupo das monocotiledóneas.

Bhattacharyya (1997), no capítulo introdutório da Flora de Bengala Ocidental, enumerou as ervas daninhas exóticas do estado em 8 categorias, enquanto Chakravarty et al. (*l.c.*), na sua observação, enumeraram 7 tipos de elementos florísticos do estado.

No presente estudo, após uma análise crítica da literatura, observou-se que o estado possui 489 táxons exóticos, o que representa 11,03% do total de elementos florísticos do estado, pertencentes a 18 regiões florísticas diferentes do mundo. Um conspecto desses 18 grupos de elementos florísticos, seus táxons representativos e sua porcentagem de representação é dado na Tabela-XVII.

Quadro - XVII. Conspecto dos elementos florísticos exóticos de Bengala Ocidental

Sl. No.	Floristic Region	Total no. of taxa present	Percentage of Representation (%)
1	African Elements	32	6.54
2	Asian elements	23	4.70
3	Australian elements	24	4.89
4	Central American elements	44	8.99
5	Central Asian elements	18	3.68
6	Chinese elements	21	4.29
7	Eurasian elements	17	3.47
8	European elements	31	6.33
9	Japanise elements	15	3.06
10	Malayasian elements	21	4.29
11	Mediterranean elements	29	5.93
12	Mexican elements	19	3.88
13	North American elements	21	4.29
14	North Temperate elements	15	3.06
15	Pacific Island elements	15	3.06
16	Sino – Japanese elements	20	4.80
17	South American elements	67	13.70
18	Tropical American elements	57	11.65
TOTAL		**489**	**100**

Fig. - 2. representação gráfica da diversidade de espécies exóticas de Bengala Ocidental

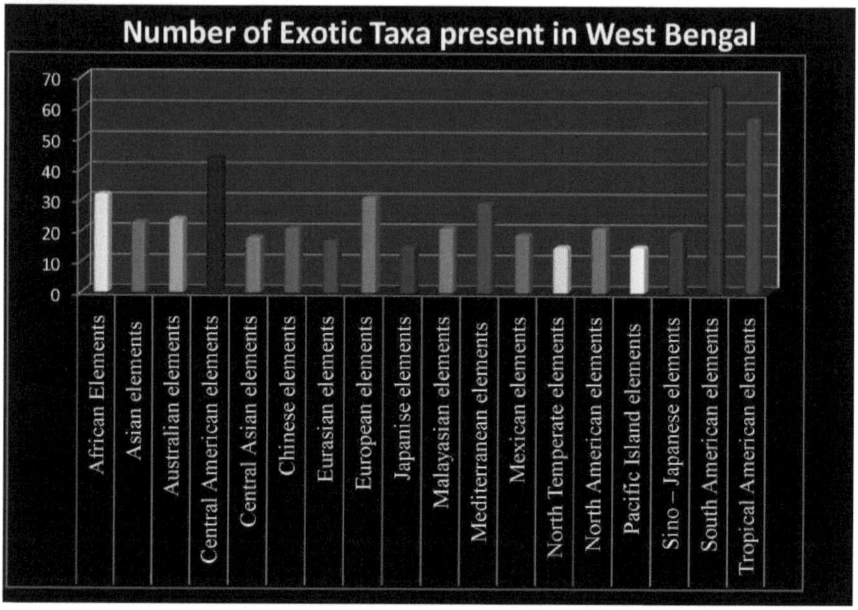

4.3. Flora endémica de Bengala Ocidental:

Ao observar o grande número de plantas exóticas na composição da flora indiana, Hooker (1907) comentou que a Índia não possuía uma flora própria. Mais tarde, Chatterjee (1940, 1960) estimou que a Índia tem cerca de 60% de elementos florísticos de origem indiana, dos quais cerca de 40% são flora endémica do país.

Como já foi referido, os taxa endémicos de uma região indicam sempre a sua riqueza florística e também a singularidade biogeográfica dessa região. Neste contexto, é agora extremamente necessário documentar adequadamente a flora endémica do atual Estado de Bengala Ocidental, mas, infelizmente, após 66 anos de independência e 110 anos de publicação da revista Bengal Plants, não conseguimos preparar uma lista completa das plantas do Estado de Bengala Ocidental. Ao longo dos tempos, muitos foram os autores que publicaram ou contribuíram para a flora do Estado de Bengala Ocidental.

A palavra "endemismo" foi cunhada pela primeira vez por de Candolle (1855), que significa - uma unidade taxonómica, especialmente uma espécie, que tem uma distribuição restrita e está isolada da sua região circundante através de barreiras geográficas ou temporais.

O endemismo é um fenómeno em que uma unidade taxonómica de qualquer categoria ou taxa de qualquer organismo permanece confinada a uma determinada área biogeográfica, geralmente isolada por barreiras geográficas, ecológicas ou temporais. O táxon que apresenta endemismo é designado por táxon endémico.

De acordo com Engler (1882), existem dois tipos de endemismos - um baseia-se na preservação de formas antigas e o outro no desenvolvimento de formas inteiramente novas. Vários tipos de endemismos que são popularmente utilizados na fitogeografia foram descritos por Richardson (1978), Nayer (1996); Ahmedullah (2000).

Normalmente, a tendência é que o endemismo seja elevado nas regiões onde as condições climáticas são extremas ou onde o local está isolado das áreas adjacentes por quaisquer barreiras geográficas. Neste sentido, a Bengala Ocidental é um local onde as condições climáticas não são extremas em nenhum sentido ou onde está separada das áreas adjacentes por quaisquer barreiras naturais. Assim, é previsível que este local possua uma quantidade muito reduzida de endemismos na sua composição florística. No entanto, a zona montanhosa do distrito de Darjeeling, que faz parte dos Himalaias Orientais e é considerada um dos pontos críticos da biodiversidade indiana, é considerada um centro de especiação de plantas, pelo que existe uma quantidade considerável de flora endémica nesta região.

Prain (*l.c.*) não fez qualquer comentário sobre a flora endémica da província de Bengala. A publicação mais antiga disponível sobre qualquer parte dos Himalaias Orientais foi a lista de plantas publicada por D. Don em 1821. Logo após a publicação do *Prodromus Florae Nepalensis* (Don1825). A obra de Hooker (1875 - 1897) *The Flora of British India* também abrangeu esta região. Mais tarde, surgiu um grande número de publicações sobre a flora desta região, incluindo as de Gamble (1896), Hooker (1849), King e Pantling (1898), Cowan e Cowan (1929), Biswas (1966), Hara (1966, 1971), Ohashi (1975), Hara *et al* (1978, 1979, 1982), Grierson e Long (1983, 1984, 1987, 1991, 1999, 2001), Noltie (1994, 2000), Pearce e Cribb (2002), Das (1986), Das e Chanda (1987), Bhujel (1986,1996), Bhujel et al. (1996, 2002,)Samanta (1998), Rai (2001), Ghosh (2006) e Lepcha (2011). De facto, cada vez mais pessoas se interessam por estudos florísticos pormenorizados desta região.

Além disso, algumas outras publicações actuais desta região que foram cuidadosamente analisadas para preparar a presente descrição dos taxa endémicos do estado são - Ball (1869), Banerjee, et al. (1989), Bhattacharya (1997), Bhujel et al (2001), Bremkamp (1959), Chakravarty et al, (1997), Das, A.P. (1986, 1995, 2004, 2005, 2010), Das, A.P. e Chanda, S. (1987), Das, A.P. e Lahiri, A.K. (1997).

Não existem estimativas semelhantes para outras partes dos Himalaias Orientais. No entanto, os estados do Nordeste estão agora a tornar-se os centros de exploração. Kanjilal *et al* (1934 - 1940) e Bor (1940) publicaram a *Flora of Assam*, que abrangia uma área maior, cobrindo os actuais limites de Assam, Meghalaya e Arunachal Pradesh. *Flora of Tripura, Flora of Manipur, Flora of Mizoram, Materials for theFlora of Arunachal Pradesh , Flora of Jowai, Forest Flora of Meghalaya, Flora of Namdapha, Orchids of Arunachal Pradesh.* Do mesmo modo, as publicações de Das e Chanda (1988), Das e Lama (1992), Bhujel e Yonzone (1994), etc., nos seus trabalhos sobre a composição florística das colinas de Darjeeling, mostram um bom número de plantas endémicas desta região. No passado recente, Chakravarty *et al. (l.c.)* mencionaram nos seus trabalhos que o Estado tem 8 taxa endémicos no seu crédito. Mas diferentes trabalhos publicados de diferentes trabalhadores indicaram que o número assumido por Chakravarty *et al.* não é correto.

Bhujel e Das (2002) e Das (2004) estimaram que cerca de 21,26% das plantas dicotiledóneas da composição florística dos distritos de Darjeeling são endémicas.

Com base na literatura acima mencionada e na observação pessoal, Mitra e Mukherjee (2014) tentaram fornecer uma pequena lista das plantas endémicas do atual estado de Bengala Ocidental. No estudo da flora endémica, é conveniente estudar as plantas endémicas em algumas categorias. Normalmente, esta categorização é feita com base na extensão da distribuição das plantas endémicas.

No presente estudo, as plantas endémicas do estado de Bengala Ocidental foram estudadas em três categorias, a saber

i. Vegetais limitados apenas no interior da fronteira política do estado de Bengala Ocidental (verdadeiro)
endémicas).

ii. Plantas endémicas da Índia, bem como do estado de Bengala Ocidental.

iii. Plantas anteriormente consideradas como plantas endémicas do Estado, mas que atualmente perderam o seu estatuto de endémicas por se encontrarem distribuídas em países vizinhos.

Revela-se que, atualmente, existem 34 espécies pertencentes a 33 géneros de 22 famílias que estão confinadas à fronteira política de Bengala Ocidental; isto significa que estas 34 espécies de Angiospermas são verdadeiramente endémicas de Bengala Ocidental. Ao ler a publicação de Mitra e Mukherjee (*l.c.*), é interessante notar que 2,1% do total de géneros e 9,48% do total de famílias registados no Estado pertencem a categorias endémicas, embora o Estado não possua quaisquer géneros e famílias endémicas no seu crédito. Para além destas, existem outras 25 espécies de Angiospermas pertencentes a 22 géneros de 13 famílias, que são endémicas de Bengala Ocidental e que também estão presentes noutros Estados indianos, pelo que, em sentido lato, também são consideradas endémicas do Estado de Bengala Ocidental. Assim, no total, o Estado de Bengala Ocidental contém 57 espécies de plantas endémicas pertencentes a 53 géneros de 30 famílias. Ao mesmo tempo, observou-se também que 23 espécies pertencentes a 15 géneros perderam o seu estatuto de endémicas devido à sua distribuição alargada ou mudaram o seu estatuto taxonómico por fusão com outros taxa.

No quadro seguinte é apresentada uma pequena lista de 40 plantas endémicas, das quais 25 plantas são endémicas apenas a partir da fronteira política do Estado de Bengala Ocidental e 15 plantas são endémicas da Índia e também são comunicadas a partir do Estado, pelo que são igualmente incluídas na lista de plantas endémicas do Estado (quadro XVIII).

Quadro - XVIII. Conspecto das plantas endémicas de Bengala Ocidental

Sl. No.	Name of the Plant Taxa	Fasmilies	Habitat	Habit	Distribution
1	*Acer osmastonii* Gamble	Aceraceae	Terrestrial	Tree	Darjeeling
2	*Baliospermum calycinum* *Mull.*	Euphorbiaceae	Terrestrial	Shrub	Darjeeling
3	*Beilschmiedia clarkei*Hook.*f.*	Lauraceae	Terrestrial	Tree	Darjeeling
4	*Bulbophyllum roxburghii Rchb. F.*	Orchidaceae	Epiphytic	Herb	Darjeeling
5	*Cardenthera uliginosa*Buch. - Ham. var. *birbhumensis* Guha	Acanthaceae	Aquatic and Marsh Land	Herb	Birbhum
6	*Carlemaina congesta Hook. f.*	Carlemanniaceae	Terristrial	Small Tree	Darjeeling
7	*Ceropegia longifolia* var *darjeelingensis* Das and Chanda ex Bhujel and Das	Asclepiadaceae	Terrestrial	shrubby climber	Darjeeling
8	*Chrysospleniumsingalilense* Hara, Journ	Saxifragaceae	Terrestrial	Herb	Darjeeling
9	*Codonopsisaffinis*Hook.f. and Thomson	Campanulaceae	Terrestrial	Herb	Darjeeling
10	*Coelogynefuscescens*Lindl. var. *viridiflorum*Pradhan	Orchidaceae	Terrestrial	Herb	Darjeeling
11	*Cotoneastersandakphuensis*G. Klotz	Rosaceae	Terrestrial	Shrub	Darjeeling
12	*Cuscutasharmanum*Mukerjee and J.K.Bhattacharyya	Cuscutaceae	Terrestrial	Climber	Midnapore Bardhaman
13	*Dalbergia duarensis* Thothathri	Papilionaceae	Terrestrial	Tree	Jalpaiguri

14	*Dendrobiumdarjeelingensis*Pradhan	Orchidaceae	Terrestrial	Herb	Darjeeling
15	*Eriocaulon hamiltonianum Mart. var. minor* Fyson	Eriocaulaceae	Terrestrial and Marsh land plants	Herb	Darjeeling
16	*Goniothalamusshraddhae* S.R.Dutta and S.M.Almeida	Annonaceae	Terrestrial	Small tree	Jalpaiguri
17	*Herminium kalimpongensis* Pradhan	Orchidaceae	Epiphytic	Herb	Darjeeling
18	*Hypericum benghalense* S.N.Biswas	Hypericaceae	Terrestrial	Herb	Darjeeling
19	*Ixora athroantha* Bremek.	Rubiaceae	Terrestrial	Shrub	Darjeeling
20	*Lasiococca symphyllifolia* (Kurz) Hook.*f.*,	Euphorbiaceae	Terrestrial	Shrub	Darjeeling
21	*Ligulariapachycarpa* (C.B.Clarke ex Hook.f.) Kitam.	Asteraceae	Terrestrial	Herb	Darjeeling
22	*Maytenussikkimensis* (Prin) D.C.S.Raju and Babu	Celastraceae	Terrestrial	Shrub	Darjeeling
23	*Mycetiastipulata*Kuntze	Rubiaceae	Terrestrial	Shrub	Darjeeling
24	*Panax pseudoginseng* var. *angustifoliusf. serratus* Bhujel andDas.	Araliaceae	Terrestrial	Herb	Darjeeling
25	*Rubussenchalensis* Hara,	Rubiaceae	Terrestrial	Herb	Darjeeling
Plants endemic to India and state of West Bengal as well					
26	*Anaphalislawii* (Hook. *f*) Gamble,	Asteraceae	Terrestrial	Herb	Kurseong Subdivision of Darjeeling district
27	*Begoniaflaviflora* Hara	Begoniaceae	Terrestrial	Shrub	Darjeeling
28	*Begoniasatrapis*C.B.Clarke	Begoniaceae	Terrestrial	Shrub	Darjeeling
29	*Chiritacalva*C.B.Clarke	Gesneriaceae	Terrestrial	Herb	Darjeeling
30	*Derrismicroptera*Benth.	Papilionaceae	Terrestrial	Tree up to 10m high	Darjeeling
31	*Elatostema sikkimense* Clarke	Urticaceae	Terrestrial	Herb	Darjeeling
32	*Glossocardia bosvallea* (Linnaeus f.) Candolle	Asteraceae	Terrestrial	Herb	Different parts of the state
33	*Indigoferamysorensis*Rottler ex DC.Prodr.	Papilionaceae	Terrestrial	Herb	Uttar Dinajpur
34	*Macarangagamblei*Hook.*f.*	Euphorbiaceae	Terrestrial	Small tree	Darjeeling
35	*Perseafructifera*Kosterm.	Lauraceae	Terrestrial	Small tree	Darjeeling
36	*Pseudoraphis minuta* Pilg.	Poaceae	Terrestrial	Herb	Differerent parts of the state
37	*Sonerilakurzii*C.B.Clarke	Melastomataceae	Terrestrial	Herb	Darjeeling
38	*Themeda strigosa* A. Camus	Poaceae	Terrestrial	Herb	Differerent parts of the

					state
39	*Tournefortiahookeri*C.B.Clarke	Boraginaceae	Terrestrial	Herb	Darjeeling
40	*Vignaclarkei*Prain	Papilionaceae	Terrestrial	Climber	Darjeeling

Da mesma forma, Mitra e Mukherjee *(l.c.)* apresentaram uma lista de 25 plantas que eram anteriormente tratadas como plantas endémicas do Estado, mas que atualmente perderam o seu estatuto de endémicas devido a relatos de outros locais fora do país ou do Estado ou devido a uma alteração do seu estatuto taxonómico. Uma pequena lista dessas 10 plantas é apresentada no quadro - XIX.

Quadro - XIX. Enumeração das plantas de Bengala Ocidental que perderam o seu estatuto de endémicas

Sl. No.	Name of the Plant Taxa	Fasmilies	Habitat	Habit	New Distribution / Change of Taxonomic status
1	*Agrostis brachiata* Munro ex Hook. f	Poaceae	Terrestrial	Herb	China, and Bhutan.
2	*Boehmeriamacrophylla*Hornem. var. *tomentosa* (Wedd.) D.G.Long	Urticaceae	Terrestrial	Under Shrub	Bhutan.
3	*Clematis sikkimensis* (Hook. f. and Thomson) Drumm. ex Burkill	Ranunculaceae	Terrestrial	Climber	Nepal.
4	*Edgaria darjeelingensis* C. B. Clarke	Cucurbitaceae	Terrestrial	Climber	Garhwal to Bhutan
5	Festuca leptopogon Stapf	Poaceae	Terrestrial	Herb	Nepal to Bhutan), China, Taiwan, Malaysia.
6	*Hygrophila bengalensis* Mandal, Bhattacharjee et Nayek	Acanthaceae	Terrestrial	Herb	It is a superfluous name of *Hygrophila longifolia*, so it loss its endemic status
7	*Impatiens uncipetala* C. B. Clarke ex Hook. f.,	Balsaminaceae	Terrestrial	Herb	Nepal.
8	*Poa khasiana* Stapf, ;	Poaceae	Terrestrial	Herb	Nepal, Bhutan, Khasi Hills, China, Myanmar.
9	*Swertia pedicellata* Banerji, ;	Gentianaceae	Terrestrial	Herb	Nepal.
10	Tripterospermum nigrobaccatum H. Hara	Gentianaceae	Terrestrial	Herb	Nepal.

A análise estatística das plantas endémicas de acordo com a sua família, géneros e espécies é apresentada no quadro - XX, abaixo -

Quadro - XX. Análise estatística das famílias, géneros e espécies endémicas de Bengala Ocidental.

Sl. No.	Name of the Family	Name of the Genera	No. of Species endemic to state only	No. of Species endemic to state and also in other state of India
1	Acanthaceae	*Cardenthera*	1	X
		Peristrophe	1	X
2	Aceraceae	*Acer*	1	X
3	Annonaceae	*Goniothalamus*	1	X
4	Araliaceae	*Panax*	2	X
5	Arecaceae	*Trachycarpus*	1	X
6	Asclepiadaceae	*Ceropegia*	1	X
		Dittoceras	X	1
		Streptocaulon	1	X
7	Asteraceae	*Anaphalis*	X	1
		Blumea	X	2
		Glossocardia	X	1
		Ligularia	1	X
		Senecio	X	1
		Taraxacum	X	1
8	Begoniaceae	*Begonia*	X	3
9	Boraginaceae	*Tournefortia*	X	1
10	Campanulaceae	*Codonopsis*	1	X
11	Carlemanniaceae	*Carlemannia*	1	X
12	Celastraceae	*Maytenus*	1	X
13	Cucurbitaceae	*Siraitia*	1	X
14	Cuscutaceae	*Cuscuta*	1	X
15	Eriocaulaceae	*Eriocaulon*	1	X
16	Euphorbiaceae	*Baliospermum*	1	X
		Lasiococca	1	X
		Macaranga	X	1
		Phyllanthus	1	X
17	Gesneriaceae	*Chirita*	X	1
18	Hypericaceae	*Hypericum*	1	X
19	Lauraceae	*Beilschmiedia*	1	X
		Phoebe	1	X
20	Melastomataceae	*Sonerila*	X	1
21	Myrsinaceae	*Ardisia*	1	X
22	Orchidaceae	*Bulbophyllum*	1	X
		Coelogyne	1	X
		Dendrobium	1	X

		Herminium	1	X
23	Papilionaceae	*Dalbergia*	1	X
		Derris	X	1
		Indigofera	X	1
		Vigna	X	1
24	Poaceae	*Aristida*	X	1
		Ischaemum	X	1
		Pseudoraphis	X	1
		Themeda	X	1
25	Rosaceae	*Cotoneaster*	1	X
26	Rubiaceae	*Ixora*	1	X
		Mycetia	1	X
		Rubus	1	X
27	Saxifragaceae	*Chrysosplenium*	1	X
28	Sterculiaceae	*Pentapetes*	1	X
29	Urticaceae	*Elatostema*	1	X
30	Vitaceae	*Cissus*	X	1
Total	Families = 30	Genera = 53	Species = 35	Species = 22

O quadro acima mostra claramente que a maior parte das espécies endémicas são neoendémicas e pertencem a famílias mais avançadas como Asteraceae (6), Orchidaceae (4), Rubiaceae (3), Acanthaceae (2), etc., que ainda têm tempo suficiente para se espalharem por locais mais recentes. Famílias primitivas como Annonaceae, Papilionaceae, Sterculiaceae, etc. têm uma única espécie endémica no seu crédito. Esta documentação também apoia a hipótese de idade e área de Willis (1920).

De acordo com os ditados de Bassy (1922), o grupo herbáceo é bastante mais avançado do que o grupo arbóreo ou arbustivo, o que também é corroborado pelo presente estudo, uma vez que, das 57 espécies de taxa endémicos no estado de Bengala Ocidental, 53 taxa são ervas anuais ou perenes ou trepadeiras herbáceas e apenas 4 taxa são arbustos ou árvores. Todas as espécies de árvores pertencem a famílias paleoendémicas como Annonaceae, Lauraceae, Papilionaceae, etc.

4.4. Vegetação aquática:

O Estado de Bengala Ocidental possui cerca de 3,44,527 ha de área sob a designação de zonas húmidas. No estado existem cerca de 22 zonas húmidas naturais e uma artificial que cobrem mais de 100 hectares de área. Para além destas, existem cerca de 57 000 pequenas lagoas com uma área individual inferior a 2,25 ha

O conjunto destes 22 lagos naturais é apresentado no quadro - XXI abaixo.

Quadro - XXI. Lista das terras húmidas de Bengala Ocidental

Sl. No.	Name of the district.	Locality	Name of the wet Land	Area in ha	Type of the wet land
1	Malda	Pachia	Adh Soi Beel	140	Natural
2	Malda	Kasimpur	Ashi Dob Beel	280	Natural
3	Malda	Jatra Danga	Balotali Beel	120	Natural
4	Malda	Arai – Danga	Barbila Talao	120	Natural
5	Malda	Bowalia	Bochamari Beel	120	Natural
6	Malda	Bajnana	Goal Bod Beel	120	Natural
7	Malda	Mobarakpur	Hazar Takla	140	Natural
8	Malda	Kupur Ganj	Konar Beel	136	Natural
9	Malda	Malda Town	Madhupur Beel	100	Natural
10	Malda	Chandipur	Sanak Beel	200	Natural
11	Malda	Chandipur	Singsar Beel	140	Natural
12	Jalpaiguri	Madarihat	Jalua para Beel	6096	Natural
13	Jalpaiguri	Odalbari	Kathambari Beel	136	Natural
14	Cooch Behar	Haldibari	Buxiganj Nijiarap Beel	1400	Natural
15	Cooch Behar	Toofan Ganj	Rasik Beel	9952	Natural
16	Cooch Behar	Makheli Ganj	Teesta Nadi Beel	1800	Natural
17	Uttar DinajPur	Sitagram	Chalua Beel	140	Natural
18	24 – Parganah	Namkhana	Talao – Holiday – Island	350	Natural
19	24 - Parganahs	Namkhana	Lothian	3800	Natural
20	24 – Parganahs	Gosaba	Sajna Khali	36,236	Natural
21	24 – Parganahs	Kolkata	East Calcutta Wet Land	3000	Natural
22	Birbhum	Lang Thata	Land Tata Beel	2000	Natural

Estes corpos aquáticos do Estado albergam cerca de 770 taxa aquáticos pertencentes a 456 géneros de 159 famílias (Mitra e Mukherjee, *unpub.),* o que representa cerca de 17,13% do total de taxa do Estado e cerca de 73% das plantas vasculares aquáticas indianas, tal como mencionado por Cook, (1996).

CAPÍTULO - V

POTENCIALIDADE FITOECONÓMICA DO ESTADO

Desde o primeiro dia da civilização humana que o homem depende totalmente das plantas para a satisfação das suas necessidades quotidianas. Na Cimeira da Terra, em Joanesburgo, sobre o desenvolvimento sustentável das sociedades humanas, também se salientou que o desenvolvimento sustentável só acontecerá quando o homem explorar a biodiversidade de forma ponderada. Um Estado como o de Bengala Ocidental, na confederação indiana, que conta com 4488 taxa de angiospérmicas, deveria assumir um papel de liderança e de modelo na exploração da sua diversidade biológica. A este respeito, para uma melhor exploração da natureza e dos recursos naturais, a exploração "etnobotânica" acendeu uma lâmpada. Em Bengala Ocidental, existem 42 grupos tribais diferentes (de acordo com os registos do Censo de 2011), incluindo a única tribo endémica *TOTO*, com uma pequena força de 1331 pessoas, que residem na sua morada natural de Totopara, na subdivisão de MAdarihat do distrito de Jalpaiguri. Entre estes 42 grupos tribais diferentes, algumas comunidades tribais comuns e importantes são - *Santal, Oraon, Munda, Asur, Bhumij, Birhore, Lodha, Toda,* etc. Estes povos tribais residiam na sua morada natural no colo da floresta e aprendiam todas as coisas observando a natureza de perto, sendo a sua aprendizagem e observação enriquecidas pela experiência de geração após geração e, finalmente, tornando-se um tesouro para as sociedades humanas. Os distritos de Purulia, West Medinipur, Bankura Birbhum e Bardhaman são os distritos do Estado que contêm uma grande concentração destas populações tribais. Mas devido ao esgotamento contínuo da morada natural destas populações tribais, *ou seja,* os matagais e as terras florestais do Estado, para satisfazer a procura crescente de terras para a agricultura, o estabelecimento da indústria e a fixação humana, estas populações tribais estão à beira da extinção. A este respeito, pode citar-se o exemplo das tribos Toda e Lodha do distrito de Paschim Medinipur.

Sur et al (2012), estimou que existem 778 taxa de plantas utilizadas etnobotanicamente pelos 42 grupos tribais diferentes de Bengala Ocidental. No seu estudo, classificou todos estes 778 taxa de plantas em 6 grandes categorias, que são as seguintes: medicinais - 549, veterinárias - 32, alimentos selvagens - 97, forragens - 15, repelentes de insectos - 19, e outras - 66. No entanto, durante a última década, o estudo da etnobotânica ganhou relevo e foi publicado um número considerável de publicações, tendo-se verificado que cerca de 1120 espécies, que contribuem com 24,96% do total de espécies do Estado, têm importância etnobotânica, das quais 689 espécies têm importância medicinal e necessitam de um rastreio farmacológico pormenorizado para descobrir a potencialidade das reivindicações. Cerca de 350 espécies de plantas podem ser exploradas como plantas alimentares e forrageiras e as restantes 81 plantas têm a utilidade de biopesticidas, biofertilizantes, corantes naturais, estupefacientes para peixes, narcóticos e bebidas, materiais de construção de casas, caça, instrumentos musicais, adorno pessoal, material cultural, em cultos e em crenças mágico-religiosas, etc. Alguns representantes comuns das plantas etnobotanicamente importantes do Estado que são utilizadas pela população tribal local ou pelas pessoas comuns do Estado, as partes das plantas que são utilizadas e os objectivos da utilização, especialmente quando são utilizadas para o tratamento de doenças específicas, são apresentados no quadro XXII.

Quadro - XXII. Conspecto das plantas de importância etnobotânica de Bengala Ocidental

Sl. No.	Name of the Plants	Family	Vernacular Name	Parts used	Usages
1	*Abrus precatorious* Linnaeus	Papilionaceae	*Kunch* (B)	Stem, Root, Seed	Mental disorder, paralysis, rheumatic pain, Ornamental.
2	*Adahatoda zeylanica* Nees.	Acanthaceae	Vasaka (B)	Leaf., Flower. Root.	Cough, colic pain, flower extract in eye complain, root in malarial fever.
3	*Acalypha indica* Linnaeus.	Euphorbiaceae	*Muktajhuri*	Root.	Root

					anthelmentic.
4	*Achyranthus aspera* Linnaeus	Amaranthaceae	*Apang*	Leaf., Stem., Root.	Fever, anthelmintic, young twigs are edible.
5	*Alstonia scholaris* (Linnaeus) R. Brown	Apocynaceae	*Chatiim* (B)	Bark.	Emetic, in malarial fever, tonic,
6	*Alternanthera sessilis* (Linnaeus) DC.	Amaranthaceae	*Sechi* (B)	Whole plant	Medicinal, Edible.
7	*Alternanthera tenella* Linnaeus.	Amaranthaceae	*Barachanchi* (B)	Whole plant	Edible
8	*Alternanthera tenella* Linnaeus.	Amaranthaceae	*Nimia* (Sant.)	Root. Whole plant	Medicinal, Edible.
9	*Amaranthus spinosus* Linnaeus.	Amaranthaceae	*Khuria* (B)	Whole plant	Medicinal, Edible.
10	*Androgrphis paniculata (Burm. f.) Ness.*	Acanthaceae	*Kalmegh* (B)	Leaf., Stem., Root.	Dental disease, antibacterial, antiinflammato ry, fever, dysentery, diarrhea, cough, sore throat, tonsillitis, bronchitis, hypertension, snake bite
11	*Aristolochia indica*Linnaeus	Aristolochiaceae	*Ishwarmul* (B)	Stem.,	Medicinal.
12	Artemesia nilagirica	Asteraceae			
13	*Ardisia solanacea* Roxburgh	Myrsinaceae	*Dhupjhaora* (B),	Roots	Fever, rheumatism, diarrhea
14	*Asparagus racemosus* Willdenow	Liliaceae	*Shatamuli* (B);	Roots	dysentery, diarrhea, leprosy, diabetes, jaundice, urinary disorders; anti-fungal and anti bacterial
15	*Bauhinia purpurea* Linnaeus	Caesalpiniaceae	*Kanchan* (B)	Barks, roots, flowers	diarrhea; roots used in animal bite; flowers laxative; roots carminative
16	*Bidens pilosa* Linnaeus	Asteraceae		Whole	toothache,

				plant	rheumatism, leprosy, skin disease; checks bleeding; leaf juice used in ear and eye complaints
17	*Bischofia javanica* Blume [	Bischofiaceae	*Kainjal* (B);	Leaves	Leaf juice used in sores, tonsillitis, and throat pain
18	*Bombax ceiba* Linnaeus	Bombacaceae	*Simul* (B);	Roots, gums, flowers	Used in diarrhea, dysentery; also as astringent, stimulant and emetic
19	*Calotropis gigantea* (Linnaeus) Dryand	Asclepiadaceae	*Akanda* (B)	Whole plant	Sores and skin disease, leprosy, leucoderma, ulcers; leaves applied to paralyzed parts, painful joints, swellings, bronchitis, asthma, skeletal fracture; plants emetic, purgative, anthelmintic, antifungal
20	*Cannabis sativa* Linnaeus	Cannabinaceae	*Bhang* (B)	Leaves, inflores cence	Used in hysteria, asthma, neuralgia, stomachic, astringent, alterative, hypertension, diabetes, spasmodic cough, indigestion
21	*Cassia fistula* Linnaeus		*Bandarlathi* (B)	Leaves, bark, root,	Purgative, laxative, astringent,

				seeds	antipyretic, demulcent, tonic; ringworm, syphilis, skin disease, leprosy, ulcers, ophthalmic diseases, dyspepsia, constipation, fever, strangury, diabetes
22	*Centella asiatica* (Linnaeus) Urban	Apiaceae	*Thankuni* (B)	Whole plant,	Whole plant Tonic, antibacterial, anti-inflammatory,
23	*Cissampelos pareira* Linnaeus	Menispermaceae		Leaves, bark, roots	Antipyeretic, diuretic, laxative; dyspepsia, dropsy, dysentery, urinary trouble, ulcers, colic
24	*Citrus maxima* (Burman) Merrill	Rutaceae	*Jambura* (B)	Fruits	To treat leprosy, asthma, cough, epilepsy, mental aberration, anthelmintic, diarrhea, headache, eye trouble; general and cardiac tonic
25	*Citrus medica* Linnaeus	Rutaceae	*Lebu* (B);	Fruits	Used in typhoid, indigestion, dysentery
26	*Costus speciosus* (Koenig *ex* Retzius) J.E. Smith	Zingiberaceae	*Kemukh* (B)	Roots, stem	Diabetes, anti-inflammatory, fever, biliuria, rheumatism, neuralgia
27	*Curcuma zedoaria*	Zingiberaceae	*Kala ada*	Rhizo	Anthelmintic,

	(Christmann) Roscoe		(B)	me	antipyretic, laxative, tonic, carminative, emetic; leucoderma, bronchitis, piles, asthma, fever, epilepsy, pains, toothache, leucorrhoea
28	*Datura metel* Linnaeus	Solanaceae	*Dhutro* (B)	Fruit and Seeds	Hydrophobia, convulsion, neuralgia, rheumatic swelling, sciatica, dog bite, asthma
29	*Datura stramonium* Sieber *ex* Bernh.	Solanaceae	*Dhutro(B); Kala Dhatura* (Nep.)	Fruit and Seeds	Asthma, whooping cough, parkinsonism, bronchial and gastro intestinal problems, indigestion, neuralgia, rheumatic pain
30	*Dillenia indica* Linnaeus	Dilleniaceae	*Chalta* (B)	Barks, leaves, fruits	Stomachache, fever, cough, astringent, laxative
31	*Dioscorea alata* Linnaeus	Dioscoreaceae	*Chuprialu* (B)	Tubers	Diuretic, anthelmintic, diabetes, leprosy, gonorrhea, strangury, contraceptive
32	*Dioscorea bulbifera* Linnaeus	Dioscoreaceae	*Chuprialu* (B)	Tubers	Alternative, tonic, aphrodisiac, stomachic, expectorant, anthelmintic; dyspepsia, urinary discharge, bronchitis, leucoderma, piles,

					tumours, strangury, asthma, ulcers
33	*Drymaria cordata* Willd. *ex* Roemer andSchultis	Caryophyllaceae	*Abhijalo* (Nep.)	Whole plant	Used in sinus, headache, cold, snake bite, fever, asthma, diphtheria, pneumonia, throat pain
34	*Eclipta prostrata* (Linnaeus) Linnaeus	Asteraceae	*Kesut* (B)	Whole plant	In skin diseases, wounds, ulcers, leprosy, fever, jaundice; good for blackening and strengthening hair
35	*Enydra fluctuans* DC.	Asteraceae	*Helancha* (B)	Young twigs	Eaten as a vegetable; blood purifier
36	*Entada rheedii* Sprengel	Papilionacaea	*Gila* (B)	Seeds	In mumps, body pain, cold; oral contraceptive, astringent, emetic, narcotic
37	*Eupatorium cannabinum* Linnaeus	Asteraceae	*Kalobanmara* (B)	Roots, leaves	Emetic, purgative, antiseptic in cuts and burns
38	*Euphorbia hirta* Linnaeus	Euphorbiaceae	*Khirika* (B)	Whole plant	In asthma, bronchitis and other respiratory disorders
39	*Euphorbia pulcherrima* Willdenow	Euphorbiaceae	*Lalpata* (B)	Leaves, flowers	Laxative, anticancerous; skin disease
40	*Ficus benghalensis* Linnaeus	Moraceae	*Bot* (B)	Whole plant	Astringent, tonic; ulcers, vomiting, fever, inflammation, leprosy, piles, diseases of nose, gonorrhea,

					syphilis, dysentery, liver problems, rheumatism, toothache, diabetes
41	*Ficus religiosa* Linnaeus	Moraceae]	*Aswatha* (B); *Peepal* (Sant.)	Whole plant	Blood diseases, leucorrhoea, burning sensation, foul test, ulcers, bone fracture, urine discharge, asthma, inflammation, vomiting, gonorrhea; laxative, astringent, alterative, antibacterial
42	*Ficus semicordata* Smith	Moraceae]	*Pankur* (B)	Milky latex, fruits, roots	Ulcers, colic pain, leprosy, bladder complaints
43	*Glinus oppositifoilus* (Linnaeus)Aug. DC.	Molluginaceae	*Gimma* (Sant)	Leaves or whole plants	gastrointestinal disorders, skin diseases, joint pains, inflammations, fever, malaria and wounds
44	*Hedychium coronarium* Koenig	Zingiberaceae	*Budhiram* (Or.)	Rhizo mes	Carminative, stimulant; applied to sprains
45	*Hedyotis scandens* Roxburgh	Rubiaceae	*Dhupjhora* (Or.)	Roots, whole plants	Eye disease, colic pain, sprains, boils, problems during childbirth
46	*Holarrhena pubescens* (Buchanan- Hamilton) Wallich*ex*DC.	Apocynaceae	*Kuchila* (Rab.)	Bark, stem latex	Dysentery, lung diseases, tumour, skin eruption, irritation
47	*Imperata cylindrica* (Linnaeus) Rausch	Poaceae	*Kush* (B)	Whole plant	Good in fever, cough, jaundice,

					kidney problems, internal bleeding, nasal bleeding, lung problems; antiviral, anticancer
48	*Justicia adhatoda* Linnaeus	Acanthaceae	*Indong* (Bhut.), *Basak* (B)	Leaves, flowers , Roots,	Piles, bronchial asthma, bronchitis, pyorrhea, cough, ulcers, menorrhagia, tuberculosis
49	*Justicia gendarussa* Burman *f.*	Acanthaceae	*Dhupjhora* (Nep.)	Leaves, roots	Chronic rheumatism, facial paralysis, cough, bronchitis, arthritis, intermittent fever
50	*Kalanchoe pinnata* Persoon	Crassulaceae	*Pathorkuchi* (B)	Leaves	Fresh leaves used to treat burns, wounds, impetigo, ulcer and other external applications
51	*Lasia spinosa* Thwaites	Araceae	*Kantakochu* (B)	Leaves, inflores cence	Plant recommended for colic, rheumatism, and intestinal diseases
52	*Lepidagathis incurva* Buchanon Hamilton *ex* D. Don	Acanthaceae		Leaves and young twig	Leaves and young twig chewed to relieve cough
53	*Mallotus philippensis* (Lamarck) Mueller	Euphorbiaceae	*Sindure* (Toto)	Leaves and fruits	Improving appetite, ulcers, wounds, tumour, bladder stone, bronchitis, enlarged spleen, scabies, ringworm, skin

					diseases; vermifuge, purgative, anthelmintic, carminative
54	*Morinda angustifolia* Roxburgh	Rubiaceae	*Haldikath* (B)	Leaves, bark, fruits, roots	Roots cathartic. Leaves febrifuge, tonic; used to cure ulcers, dysentery, diabetes, asthma
55	*Ocimum tenuiflorum* Linnaeus	Lamiaceae	*Tulsi* (B)	Leaves, seeds and roots	Tonic; gastritis, throat trouble, digestive problems, ring worm, skin disease, malaria fever; leaves insect repellent
56	*Oroxylam indicum* (Linnaeus) Ventenat	Bignoniaceae	*Totala* (B)	Bark, seeds	Diabetes, rheumatic swellings, fever, bronchitis, vomiting, dysentery, leucoderma, asthma, piles, heart trouble, inflammation; anthelmintic, stomachic, tonic, carminative, purgative, appetizer
57	*Phlogacanthus thyrsiflorus* (Roxburgh) Nees	Acanthaceae	*Rambhang* (Nep.), *Rambasak* (B)	Leaves, bark, flowers	Cough and cold, leprosy, vomiting, urinary discharge, asthma, bronchitis, piles; astringent, tonic, antipyretic
58	*Pterospermum acerifolium* (Linnaeus) Willdenow	Sterculiaceae	*Dhuojhora* (B),	Leaves, flowers	Ulcers, leprosy,

					urinary discharge, tumours; tonic, anthelmintic, laxative
59	*Rhus chinensis* Miller	Anacardiaceae	*Bhalay* (Lep.)	Fruits	Dysentery, indigestion, diarrhoea, colic, gulls, swelling and wounds, paralysis.
60	*Rungia pectinata* Nees	Acanthaceae	*Dhupjhora* (B)	Whole plants	Juice of plants is applied as febrifuge
61	*Scoparia dulcis* Linnaeus	Scrophulariacea e	*Misti pata* (B);	Plants	Piles, diuretic, hyperthermia, cough, sore throat, boils, menorrhigia.
62	*Semecarpus anacardium* Linnaeus *f.*	Anacardiaceae	*Budhiram* (B)	Bark, fruits	Skin disease, dysentery, fever, piles, tumour, ulcers, urinary discharge, inflamation, laxative, carminative, paralysis, epilepsy, nervousdisease , tonic.
63	*Sida cordata* (Burmann *f.*) Borss.	Malvaceae	*Dhuojhora* (B)	Root	The roots are useful in fever and arthritis. The leaves are good for diarrhoea.
64	*Sida cordifolia* Forskal	Malvaceae	*Berala* (B)	Tender shoots	The plants are used for fever, fits, leucorrhoea, colic and nervous discorders.
65	*Sida rhombifolia* Linnaeus	Malvaceae	*Khunia* (Sant.)	Leaves and Roots	The roots and leaves are used in rheumatism and colic.

66	*Syzygium cumini* Skeels	Myrtaceae	*Jam* (B)	Bark, leaves and fruits	The bark is carminative, diuretic, digestive. The tender leaves are used for vomiting. The fruits and seeds are used in diabetes.
67	*Terminalia belirica* (Gaertner) Roxburgh	Combretaceae	*Kathbadam* (B)	Fruits and bark	One of the ingredients of the triphala of ayurvedic medicine, anaemia, leuco-derma, astringent, pungent, laxative, bronchitis, acrid, anthelmintic, inflamation, disease of eye and nose, problems of bladder and piles.
68	*Toona ciliata* M. Roemer	Meliaceae	*Budhiram* (Sant.)	Bark	Dysentery, ulcers, menstrual disorder, astringent.
69	*Tridax procumbens* Linnaeus	Asteraceae	*Tridargha* (B)	Whole plants	Leaf juice is insecticidal, also used to check hemorrhage of wounds.
70	*Typhonium trilobatum* Schott	Araceae	*Khakroni*(Nep.); *Budhira* (Rab.)	Whole plants	The rhizome is used with effect for treat in sore throat, headache, gastric ulcer, couth asthma.
71	*Urtica dioca* Linnaeus	Urticaceae	*Sismu* (Nep.),	Flowers,	High blood pressure,

			Budhira (Bhut.)	plants and roots	anthelmintic, diuretic, jaundice, carminative, complaints of lungs and internal organs, sciatica, heart troubles, cough, rheumatism.
72	*Vallaris solanacea* Kuntze	Apocynaceae	*Dhupjhora* (B)	Latex and bark	Latex and bark is applied to wounds and sores.
73	*Vitex negundo* Linnaeus	Verbenaceae	*Nishinda* (B), *Budhira* (Or.)	Leaves, roots and plant	Toothache, asthma, bronchitis, leucoderma, tonic, rheumatism, antidote to venom and scorpion sting, fever, febrifuge, enlargement of spleen, astringent, anthelmintic.
74	*Woodfordia fruticosa* (Linnaeus) Kurz	Lythraceae		Flower s and bark	Dysentery, astringent tonic, sores and boils, piles, leprosy, disease of blood, toothache, leucorrhoea, menorrhagia, dysentery.
75	*Ziziphus mauritiana*	Rhamnaceae	*Kul (B)*		

Para além destes, os agricultores de Bengala também se dedicam ao cultivo de diferentes tipos de frutos e legumes. No Estado, as espécies de cucurbitáceas são dominantes na contribuição para os principais legumes verdes e os membros das espécies de Amaranthaceae e várias outras fornecem legumes de folhas de tipos selectivos que se adequam a pessoas com gostos diferentes. As espécies mais comuns de Cucurbitaceae são - *Momordica charantia (Uchhe / Korola), Trichosanthes dioica (Patol), Luffa acutangula (Jhinga), Cucumis sativus (Sasha), Luffa cylindrical (Chichinga), Lageneria ciceraria (Lau) Cucurbita maxima (Kumra), etc.*, disponíveis no mercado durante todo o ano. Durante as estações frias, alguns membros da família Brassicaceae, como *Raphanus sativus (Mulo), Brassica oleracea* var. *capitata (Bandhakopi), Solanum tuberosu (Alu), Solanum melongena (Begun), Lycopersicum esculentum (Tomate),* são produtos hortícolas potentes.

No Estado, a atividade hortícola coincide praticamente com a criação do Royal Botanic da Companhia das Índias Orientais pelo coronel Robert Kyd, em 1787, na margem ocidental do rio Hooghly, em Shibpur, Howrah. William Carey aplicou os seus vastos conhecimentos e sentido agrícola ao criar a Agri Horticulture Society of Kolkata, em Alipur, em 1820.

Ao mesmo tempo, vários viveiros foram desenvolvidos nos arredores de Howrah e Serampore, incentivando os agricultores locais a cultivar flores, plantas ornamentais e fruteiras, o que levou ao desenvolvimento de pomares. Mitra e Bose (1985), fizeram um esforço para destacar o estatuto hortícola de 28 plantas frutíferas importantes da Índia. Algumas dessas plantas de fruto importantes são

A Mangifera indica (manga) é a principal cultura frutícola do Estado. Os distritos de Murshidabad, Malda, Nadia, partes de Hooghly, etc. são importantes para a cultura da manga, com cerca de 1 80 776 acres de área cultivada. A produção média anual é de cerca de 9,5 toneladas.

***Musa* sp.** (Banana) é a segunda cultura frutícola mais importante do Estado. Martaman, Champa, kanthali, Amritsagar, etc. são as variedades importantes de banana cultivadas, especialmente nos distritos de Hooghly e Nadia, que são famosos pelo cultivo de banana. Cerca de 11,5 ha de terras do Estado são cultivados com bananas e a produção anual é de cerca de 1000 toneladas.

Citrus reticulate (laranja), a laranja de Darjeeling, é famosa no país pela sua essência. Cerca de 1250 ha de terra do distrito de Darjeeling são cultivados com laranja e a produção anual é de cerca de 6200 toneladas.

A Psidium guajava *(goiaba)*, embora seja originária do México e da América Central, foi introduzida muito antes, no primeiro quartel do século XVII. Pode ser encontrada em todas as partes do distrito, mas o seu cultivo é muito elevado em Baruipur, no distrito de South 24 pargana.

O Anannus comosus (Pine Apple) é originário da América Tropical e foi introduzido no país no início do século XVI. É um dos frutos tropicais preferidos do Estado, cultivado em abundância na região de Duars do Estado, especialmente no distrito de Jalpaiguri. Atualmente, a variedade Giant Kew substitui a variedade local e é cultivada em mais ou menos todos os distritos do Estado.

A Litchi chinensis (Litchi) é originária da China e está amplamente difundida no Sudeste Asiático até às Índias Ocidentais, incluindo África. No Estado, cerca de 1640ha de terra estão a ser cultivados com Litchi. Os distritos de Murshidabad, Nadia, Hooghly, 24 - Pargana, etc. são famosos pelo cultivo de Litchi.

A Artocarpus heterophyllus (jaca) é uma planta nativa da Índia e famosa pelo seu nível de tolerância à variedade de condições climáticas e de solo. Embora a jaca não seja muito apreciada no seu estado de maturação, mas no seu estado verde, conhecido como *"Enchor"* (bengali), é famosa pela preparação de pratos de caril.

CAPÍTULO - VI

AMEAÇAS À FLORA E ESTRATÉGIAS DE CONSERVAÇÃO

6.1. Ameaças à flora:

Com o aumento da civilização humana e a explosão do crescimento demográfico, a flora local e a biodiversidade enfrentam uma pressão imensa em todos os cantos de Bengala Ocidental, o que cria ameaças à flora do estado de Bengala Ocidental, tal como acontece com outras floras. Se categorizarmos as ameaças à flora por pontos, a leitura será a seguinte

- Esgotamento da vegetação para a extensão da civilização devido à elevada pressão demográfica.
- Necessidade de terrenos para a expansão dos campos agrícolas.
- Recolha excessiva de produtos florestais não lenhosos (PFNM).
- Recolha de plantas medicinais, aromáticas e outras com potencial económico de uma forma vigorosa.
- O pastoreio descontrolado nas florestas e a limpeza do solo florestal impedem a formação de rebentos de árvores florestais e também reduzem a deposição de húmus no solo florestal.
- Um programa de plantação incorreto como a plantação de *Cryprtomeria sp.* em Darjeeling ou a plantação de diferentes espécies de *Acacia, Eucalyptus, etc.* O programa de plantação de silvicultura social no sul de Bengala impede o crescimento da vegetação natural.

6.2. Flora Rara Ameaçada e Ameaçada de Extinção do Estado:

A flora do estado de Bengala Ocidental está sujeita a uma enorme pressão devido a vários factores bióticos e abióticos, o que leva à destruição da diversidade florística do estado. Em especial, a flora do distrito de Darjeeling, que faz parte da região dos Hotspots dos Himalaias orientais, é muito destruída devido às actividades turísticas. Além disso, uma das principais causas da destruição da flora desta região é a recolha de material didático para os estudantes de graduação e pós-graduação de diferentes universidades.

Das (1998) preparou uma lista de 222 plantas do distrito de Darjeeling do estado que necessitam de atenção para a sua preservação.

Uma lista de algumas plantas RET disponíveis no estado, seu status IUCN e distribuição no estado é dada na tabela - XXIII, (Fig. - 3).

Tabela - XXIII. Lista de formigas listadas no RET do estado.

Sl. No.	Family	Sl. No.	Name of the Plant	RET category	Distribution in the state
1	Aceraceae	1	*Acer hookeri*	En	Darjeeling, at 600 – 1500 m
		2	*Acer osmastonii*	En	Darjeeling, Endemic in Birch Hills.
2	Apiaceae	3	*Pimpinella tongloensis*	En	Darjeeling, Endemic in Singaleela Range.
3	Apocynaceae	4	*Rauvolfia serpentine*	Vu	Distributed in the Plains and in the Duars region of the state.
4	Arecaceae	5	*Phoenix rupicola*	Ra	Duars region at an elevation of 450 m.
5	Begoniaceae	6	*Begonia scutala*	Ra	Darjeeling at an elevation of 1000 – 1500 m.
6	Berberidaceae	7	*Podophyllum hexandrum*	En	Phalut region of Darjeeling
7	Campanulaceae	8	*Codonopsis affinis*	Ra	Darjeeling at an elevation of 1830 – 2000m.
8	Dioscoreaceae	9	*Dioscorea deltoidea*	En	Locality not precisely mentioned at an elevation of 1800m
9	Orchidaceae	10	*Bulleyia yunnanensis*	Ra	Darjeeling hills.
		11	*Cypripedium himalaicum*	En	Darjeeling (Dumsong and in Munsang).
		12	*Diplomeris hirsute*	Vu	Darjeeling at an elevation of 2000 m.
10	Rubiaceae	13	*Hedyotis brunonis*	Ra	Locality precisely not Known.
		14	*Hedyotis scabra*	Ra	Locality precisely not Known.
		15	*Ophiorrhiza lurida*	Ra	Darjeeling at an elevation of 1500m.

[Abreviatura utilizada - En = Em perigo; Ra = Raro; Th = Ameaçado; Vu = Vulnerável].

Para além das plantas da lista acima mencionadas, existem algumas plantas que também se tornaram raras na natureza e que requerem a devida atenção. Algumas dessas plantas são - *Aconitum bisma, Anemone rupicola, Bauhinia scandens, Heracleum wallichi, Mahonia napaulensis, Michelia doltspora, M. velutina, etc.* devido à *sobreexploraçãoAponogiton natans, Potamogeton sp, Ottelia sp., Vallineria sp.etc. também* se tornam raras devido à destruição do habitat.

Fig. - 3. representação gráfica da diversidade das categorias de RET de Bengala Ocidental

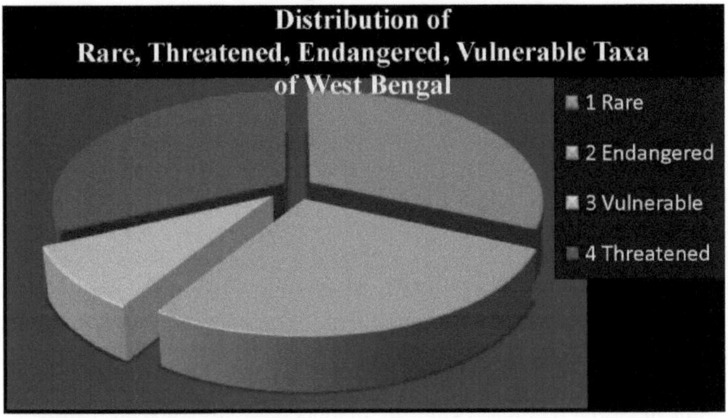

6.3. Taxa em falta na Flora do Estado:

Os efeitos dos factores acima mencionados, isolados ou combinados, revelam uma abordagem negativa diferente na flora e na vegetação do Estado. Por exemplo, pode referir-se que algumas espécies que foram descritas no estado em estado selvagem estão agora extintas na natureza. Neste contexto, *Aldrovanda vesiculosa*, que estava abundantemente presente no Lago Salgado, membro das *Orobanchae* na região de Sonarpur (Datta et al. 1963), está agora ausente dessa localidade. Da mesma forma, o distrito de Darjeeling do estado, que faz parte da zona dos pontos quentes dos Himalaias orientais, foi explorado por vários trabalhadores em diferentes alturas, a partir da última parte do século XIX.th relataram várias espécies dessa região, mas na lista de verificação atualmente disponível das plantas dos distritos de Darjeeling faltam algumas das plantas mencionadas anteriormente. Gamble (1896), Cowan e Cowan (1929) mencionaram a presença de *Hibiscus scandens* Roxb. *Euonymus macrocarpus* Gamble, *Mucuna monosperma* DC, *Dunbaria grandiflora (*BackerJMaesen, *Derris monticola* (Kurtz) Prain, *D. polystachya* Bentham, *Argyreiaatroperpurea* (Wall.) Raizada, *A. argentea* (Roxb.) Choisy, *A. thomsonii* (Clarke) Babu, *A. sikkimensis* (Clarke) Ooststsstroom, etc. dos distritos de Darjeeling e das planícies do Norte de Bengala, estão agora ausentes da presente descrição florística do distrito, como é evidente nos trabalhos de Samanta (1998), Samanta e Das (1995), Bhujel (1996), etc. Para além destas, algumas plantas como as espécies de *Aconitum bisma,* (Hamilton) Rapaics, *Anemonerupicola* Cambess, *Bauhiniascandens* L., *Heracleumwallichi* DC., *M. velutina* DC., *Nardostachys grandiflora* DC., *Rauvolfiaserpentine* (L.) Kurz, etc. tornaram-se muito raras nas colinas de Darjeeling devido à sobre-exploração.

6.4. Estratégias de conservação:

A Convenção do Rio de Janeiro, em 1992, constitui o ponto de partida para a tomada de consciência e a reflexão sobre a importância da biodiversidade, bem como sobre as estratégias de conservação da biodiversidade. A diversidade associada à floresta pré-existente, às vastas massas de água naturais e às extensões de vegetação natural foi engolida por enormes actividades de desenvolvimento. As áreas silenciosas das colinas estão agora a tremer com o som dos carros, as florestas virgens desapareceram para satisfazer as necessidades das sociedades humanas e da civilização em desenvolvimento. A este respeito, pode referir-se que a grande vegetação de mangais do Sundarban, que formava uma muralha natural para proteger a parte sul do Estado do vento ciclónico da Baía de Bengala, foi gravemente degradada e a atual vegetação de mangais é incapaz de impedir o vento ciclónico proveniente do lado da Baía de Bengala, o que é exemplificado pelo rugido do *Aaila*, que surgiu há apenas alguns anos e causou uma destruição devastadora no Estado.

Do mesmo modo, para satisfazer as necessidades da indústria em desenvolvimento e a procura de equipamento e mobiliário para a construção de casas, a rica vegetação natural de *sal (Shorea robusta)* e a vegetação *de teca* da parte ocidental do Estado (distritos de Purulia, Paschim Medinipur, etc.) e da parte setentrional do Estado (distritos de Jalpaiguri, Daijeelining, Uttar Dinajpur, etc.), respetivamente, foram perdidas para sempre.

A densa floresta da região sub-himalaia, também designada por região de Duars, está a diminuir devido à recolha regular de plantas para alimentação, forragem, madeira, corantes, etc., e à destruição da floresta natural para a instalação de jardins de chá e bungalows turísticos.

Todas estas actividades de desenvolvimento das sociedades humanas causam a destruição regular da biodiversidade do Estado. Os Ministérios do Ambiente e das Florestas, tanto a nível estatal como a nível nacional, estão agora a ficar preocupados com esta perda de biodiversidade. Assim, diferentes estratégias de conservação *ex-situ* e *in-situ* são tidas em conta a nível governamental. Até 2007, existem no estado 5 parques nacionais, 18 santuários de vida selvagem, 2 reservas da biosfera e 1 sítio do Património Mundial da UNESCO, que, na sua totalidade, contribuem para o processo de conservação da flora e fauna do estado (Mapa - IV). Para além destes, existe um sítio Ramsar *(East Calcutta Wet Land)* que contribui para a conservação da flora e da fauna aquáticas do Estado.

Outro aspeto importante das estratégias de conservação é a conservação através de crenças religiosas. A este respeito, o estado tem uma quantidade significativa de bosques sagrados nos diferentes cantos dos 20 distritos do estado, especialmente concentrados nos distritos das metades norte e oeste.

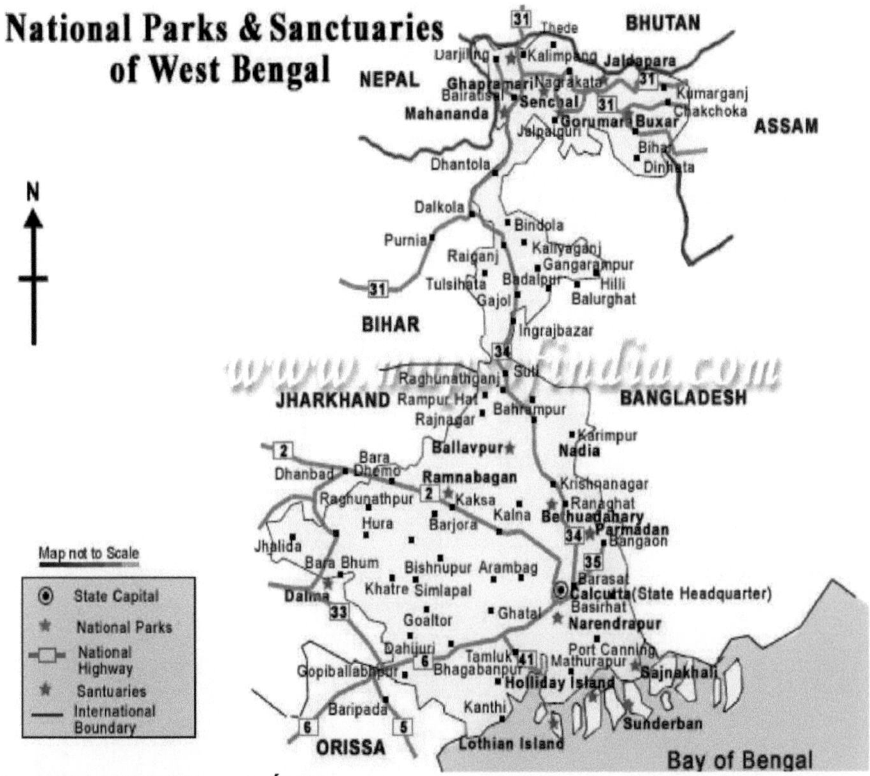

Fonte: Portal do Mapa da Índia

Mapa - IV. Mostra os parques nacionais e os santuários de Bengala Ocidental

Panoramic view of the *Phalut* – Highest peak of the state.

A Tea Garden Workers – on the way to her work.

View of Teesta River.

A panoramic view of the Western Plateau of the state.

Sal Forest of Bankura.

Datura stramonium – A flowering twig.

Flowering Twigs of *Lagerstroemia speciosa.*

Mountain ranges of Bankura

Dry Deciduous Forest of Duars.

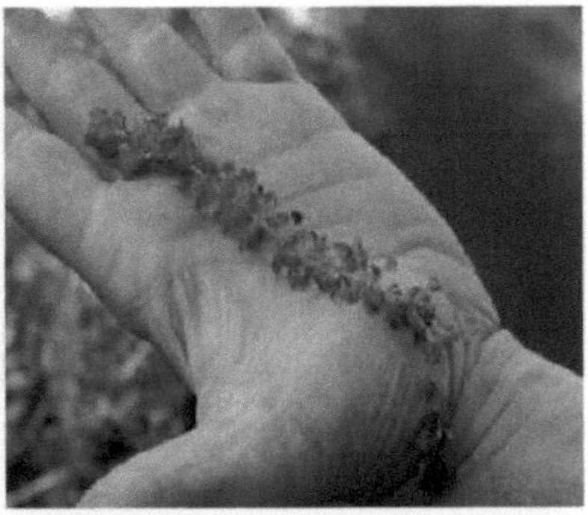

Aldrovanda vesciculosa An Extinct plants from the State floristic wealth

Large view of a portion of *Aldrovanda vesciculosa*

Species of *Rosa*

Teesta River – the life line of Northen Bengal

***Ipomoea capparis* – a Mangrove plants from Sundarban region.**

***Grangea madras-patena* Vegetation.**

Mangrove vegetation of Sundarban

Nypa fruiticans **an endemic palm of the Sundarban**

Tea the Economic Crop of the State.

Tea leaf

Dense Thikets of *Calus rotung*

Processing of the golden fiber Jute of the state.

State Flower (*Nyctanthes arbortris – tis*)

State tree (*Alstonia scholaris*)

Parthenium hysterophorus

Osbekia chinensis

Sterlitzia sp. **(Birds of paradise).**

Tree Fern (*Cyathea* sp.)

Edgeria darjeelingensis **(once an endemic component of state flora)**

Pandanus Sp.

Tribulus terristris **(AMedicinal herb)**

Rauwolfia serpentine **- A Threatened plant**

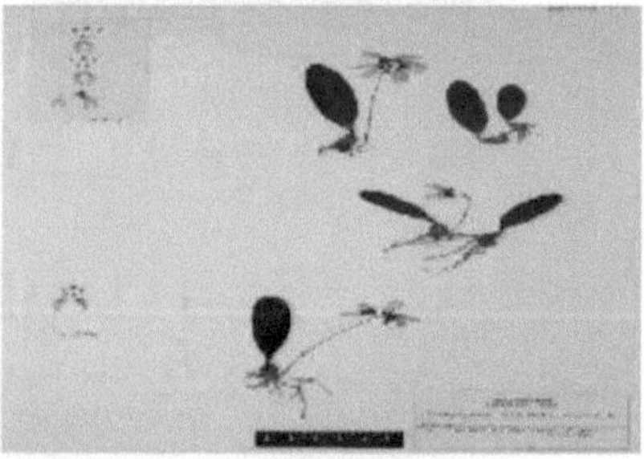

Herbarium specimen of *Balbophyllum roxburghii*

Balbophyllum roxburghii **– an endemic flora of the state.**

Referência:

Ahmedulla, M. 2000. Endemism in Indian Flora in Singh et al (eds.) *Flora of India Introductory vol.* Part - II. 246 - 265. BSI.Kolkata.

Anónimo. 1957. *Trees of Duars and Terai, West Bengal (Árvores de Duars e Terai, Bengala Ocidental).* Imprensa do Governo de Bengala Ocidental. Kolkata.

Anónimo, *1996.Survey of Flora and Fauna of Mahananda Wildlife Sanctuary.* Departamento Florestal, Governo de Bengala Ocidental, Calcutá.

Anónimo. 1997. *Flora de Bengala Ocidental.* Vol. - I. Flora of India Seris, Botanical Survey of India.Kolkata.

Ball, V. 1869.Notes on the Flora of Manbhum.*J.siat. Soc. Bengal.* 33: 112 - 124.

Banerjee, S. e Maiti, G.G. 2011. Estudo taxonómico do género Hyptis Jacq. (Labiatae) da Índia. In Ghosh, C e Das, A.P., *Recent Studies in Biodiversity and Traditional Knowledge in India.* Sarat Book House, Calcutá. Pp. 9 - 22.

Bhattacharyya, U. C. 1997. Ensaio introdutório em *Flora of West Bengal* Vol. - I, Botanical Survey of India. Calcutá.

Bhujel, R. B. 1996. Studies on the Dicotyledonous Flora of Darjeeling district, Tese de Doutoramento, Departamento de Botânica, Universidade de Bengala do Norte, (*Unpub.*).

Bhujel.R. B. e Yonzone, G. S. 1994.Uma nova variedade de *Baliospermum calycianum* Muell. - Arg. De Darjeeling.*J. Econ Tax. Bot.* 18 (3): 613 - 614.

Bhujel, R. B. e Das, A. P. 2002. Estado endémico da flora dicotiledónea do distrito de Darjeeling. Em Das, A. P., ed. *Perspective of plant Biodiversity.* Bishen Singh Mahendra Pal Singh, Dehradun. Pp. 593 - 609.

Biswas, K. **P.** 1966. *Plantas de Darjeeling e Sikkim Himalaya.* Governo de Bengala Ocidental, Índia.

Biswas, R., Das, A. P. e Paul, T. K. 2013.Diversidade florística de Rsik Beel e suas áreas adjacentes em Cooch - Behar distrito de Bengala Ocidental, Índia.*Pleione.*7 (2): 501 - 507.

Bremicamp, C. R. B. 1959. New Ixora species from Bengal, Burma and Nicobar Island.*Indian For.* 85: 371 - 375.

Champion, H. G. e S. K. Seth. 1968. *A revised Survey of the Forest Types of India.* Governo da Índia, Nova Deli.

Chakravarty, R. K., Srivastava, R. C. Mitra, S. Subhojit Bandyopadhyay e Subir Bandyopadhyay.1999.*West Bengal* in Mugal, V. e Hajra, P. K. eds. *Floristic Diversity and Conservation strategies in India.*Botanical Survey of India, Calcutá. Pp. 1575 - 1630.

Chatterjee, D. 1940. Studies on the Endemic Flora of India and *Burma.J.Royal Asiat. Soc. (Sc.)* 5: 19 - 67.

, 1962. Floristic patterns of the Indian vegetation. in Maheshwari, P. *et. al.* (eds.) *Summer School Botany, Darjeeling.*1960. 32 - 42.

Chowdhury, M. and Das, A. P. 2010.Hydrophytes of different wet lands in Maldah district of West Bengal, India.*Environ. Biol. Consr.* 15: 22 - 28.

e . 2011a. Uma nota sobre a distribuição e associação de *Rosa clinophylla* Thory var. *glabra* (Lindley ex Prain) C. Ghora e G. Panigrahi (Rosaceae) no distrito de Maldah em Bengala Ocidental. *Pleione* 5 (1): 196 - 197.

e-----. 2011b. Diversidade macrófita e estrutura da comunidade de *Adh - soi* terra

húmida do distrito de Maldah de Paschimbanga, Índia. *Rect. Stud. Biodiv. Tread. Conhecimento.*Eds. Ghosh, C. e Das, A. P. Gour Mahavidyalaya. Pp 109 - 115.
e-----. 2013. *Biodiversidade e estado atual das zonas húmidas Gangetic do distrito de Maldah de Bengala Ocidental, Índia. NBU.Journal Plant Science.* 7: 1. 29 - 34.

Chowdhury, A. Sikdar, A. Das, A. P. e Paul, T. K. 2011. Ocorrência de *Solvia anthemifolia* (A. Jussieu) R. Brown (Asteraceae) no leste da *Índia.Pleione.* 5 (2): 352 - 356.

Clushaw, J. C. 1952. Some West Bengal Plants.*J. Bombay nat. Hist. Soc.* 49: 188 - 196.

Cook, C. D. K. 1996. *Aquatic and Wet land plants of India.* Oxford University Press. Londres.

Cowan, A. M. e Cowan, J. M. 1929. *The Trees of North Bengal Including Shrubs, Woody Climbers, Bamboos, Palms, and Tree Ferns being a Revision of the list by Gamble,* Bengal Secretariat Press, Calcutta.

Conservation International 2014. http://sp10.conservation.org/where/priority_areas/hotspots/ asia-pacific/Pages/asia-pacific.aspx

Das, A. P. 1986. *On the Floristic and Palynological survey of Darjeeling and adjoining places* Vol. 1 e 2. Tese de doutoramento, Universidade de Calcutá.

Das, A. P. 1998. Angiospérmicas endémicas e ameaçadas de Darjeling Hills: uma avaliação. Trabalho apresentado na *Conferência Regional sobre a Avaliação e Conservação da Biodiversidade, Parque Nacional de Corbett.* janeiro de 1998.

Das, A. P. 2002. Levantamento de exóticas naturalizadas na flora de Darjeeling Hills, Bengala Ocidental (Índia).*J. Econ.Tax. Bot.* 26 (1) : 31 - 37.

Das, A. P. 2004. Estudos florísticos nas colinas de Darjeeling. *Bull. Bot. Surv. India.* 43 (1 - 4): 1 - 18.

Das, A. P. e Chanda, S. 1986. Notes on some naturalised exotics in the flora of Darjeeling Hills, West Bengal (India) *Indian Bot. Rep.* 5 (2): 144 - 147.

Das, A. P. e Ghosh, Chandra 2011. Plant Wealth of Darjeeling and Sikkim Himalaya *vis - a vis* Conservation. *NBU Journal of Plant Science. 5* (1): 25 - 33.

Das, A. P.eLahiri, A. K. 1997. Estudos fitossociológicos da flora terrestre em diferentes tipos de vegetação em Tiger Hills Darjeeling Hills, Bengala Ocidental. *Indian For.* 123 (12) 1176 - 1187.

Das, A. P. and Lama, D. 1992.*Liparis breviscapa* A. P. Das et Doijy - uma nova espécie de Orchidaceae das colinas de Darjeeling, Bengala Ocidental, Índia. *J. Econ. Tax. Bot.* 16(1): 226 - 227.

Datta, S. C. e Majumdar N. C. 1966.Flora de Calcutá e arredores.*Bull. Bot. Soc. Bengal.* 20: 16 - 120.

De Candolle, A. P. 1855. *Geographie Botanique Raisonnee.* Genebra.

Debnath, Himadri Sekhar, Brahma Goutam, e Gantait, Soumen. 2013. *Flora da Reserva da Biosfera de Sundarbans (Índia).* BIshen Singh Mahendra Pal Singh, Dehradun, Índia. (ISBN: 978-81-211-0805-8).

Englar, A. 1882. *Versuch einer Entwik Langsyeschichte der Pflangen Wett.*Lepizig.

Gamble, J. S. 1896. *List of Trees, Shrubs, and Climbers found in the Darjeeling District, Bengal.ed.- 2.*Govt. Press. Calcutá.

Gopal Krishna, Maity, D. Venu. P. 2014.Três novos registros para a flora de Bengala

Ocidental, Índia.*Pleione.*8(1): 193 - 198.

Grierson, A. J. C. e Long, D. G. 1983, 1984, 1987. (Ed.). *Flora of Bhutan.Vol* - 1.Part - 1, 2, and 3.Royal Botanic Garden Edinburgh, London.

Grierson, A. J. C. e Long, D. G. 1991, 1999, 2001. (Ed.). *Flora of Bhutan.Vol* - 2.Part - 1, 2, and 3.Royal Botanic Garden Edinburgh, London.

Halder Suman , Maity, K. L. e Paul T. K. 2013. Invasão de dois táxons de plantas exóticas no leste da Índia.*Ind. J. Forestry* 36(2): 247 - 248.

Hara, H. 1966, 1971 (ed.) *Flora of Eastern Himalaya.* 1st e 2nd Reprot. Tokyo University Press, Tóquio, Japão.

Hara, H. e William, L. H. J. 1979.*An Enumeration of Flowering Plants of Nepal.Vol.* - II. Londres.

Hara, H. Steam, W. T. e William, L. H. J. 1978. *An Enumeration of Flowering Plants of Nepal.*Vol. - I. Londres.

Hara, H. Charter, A. Q. e William, L. H. J. 1982. *An Enumeration of Flowering Plants of Nepal. Vol.* - III. Londres.

Hooker, J. D. 1849. Notes Chiefly botanical made during the excursion from Darjeeling to Tonglu. *J. Asiat. Soc. Bengal.* 18: 419 - 449.

Hooker, J. D. 1907. Botany of the British India. *Imp. Gazz. India.* 1: 157 - 212.

Khuroo, A. A., Reshi, Z. A., Malik, A. H., Webber, E., Rashid, I. e Dar, G. H. 2012. Flora alóctone da Índia: composição taxonómica, estatuto de invasão e afiliações biogeográficas. *Biol. Invasions.14(1):* 99 - 113. DOI. 10. 1007/s 10530 - 110 - 9981 - 2.

King, G. e Prantling, R. 1898. *The Orchids of Sikkim - Himalaya.Londres.*

Mabberley, D. J. 2008. *Mabberley's Plant Book.* Cambridge University Press, Edinburg Building, Cambridge, U.K. (ISBN: 978 - 0 - 521 - 8207 - 4.)

Moktan Sourav e Das, A. P. 2013.Diversidade e distribuição de plantas exóticas invasoras ao longo do gradiente altitudinal em Darjeeling Himalaya, Índia.*Pleione.*7 (2): 305 - 313.e 2014. Diversidade e composição do povoamento de árvores nas florestas tropicais de Darjeeling, parte do Himalaia Oriental. *International J. of Curr. Res.* 6(12): 10446 - 10451.

Mitra, Sunit, Bandyopadhyay, Subhojit, e Mukherjee, Sobhan Kumar. 2010. *Bibliography of Flora and Ethnobotany of West Benagl (Bibliografia da Flora e Etnobotânica do Benagl Ocidental).* Sociedade dos Himalaias Orientais para a Taxonomia de Espermatófitos. Siliguri, Darjeeling.

Mitra, Sunit e Mukherjee, Sobhan Kumar**.** 2012**.** *Flora e etnobotânica do distrito de Dinajpur Ocidental, Bengala Ocidental.* Bishen Singh Mahendra Pal Singh,m Dehra Dun. Índia.

Mitra, Sunit e Mukherjee, Sobhan Kumar. 2014. Censo de taxa angiospérmicos endémicos de Bengala Ocidental, Índia. *J. Econ. Tax. Bot.* 38(2): 287 - 302.

Nayar, M. P. 1996. *Pontos quentes de plantas endémicas da Índia, Nepal e Butão.* Thiruvanantapuram, Índia.

Noltie, H. J. 1994, 2000, (ed.). *Flora of Bhutan* Vol. - 3 part - 1 and 2, Royal Botanic Garden Edinburgh, London.

Ohashi, H. 1975 (ed.). *Flora of Eastern Himalaya.3rA* Reprot. Tokyo University Press, Tóquio, Japão.

Pal, T. K. e Annant Kumar. 2012. Distribuição alargada de *Hyptis brevipes* Poit. Na

Índia.*Ind. J. Forestry* 35(1): 101 - 102.

Pal, T. K. e Annant Kumar. 2014. Um esboço sobre a vegetação e seus componentes do Santuário de Vida Selvagem de Mahananda, Distrito de Darjeeling, Bengala Ocidental, Índia. *Pleione8*(2): 320 - 330.

Pearce, N. R. e Cribb, P. J. 2002 (ed.). *The Orchids of Bhutan, Flora of Bhutan* Vol. 3 (3), Royal Botanic Garden Edinburgh, Londres.

Prain, D. 1903. *Bengal Plants.Vol - I. and II.*Bishen Singh and Mahendra Pal Singh Publication, Dehradun.

Prain, D. 1905. A vegetação dos distritos de Hooghly, Howrah e 24 - Parganahs.*Rec. Bot. Surv. India.* 3: 143 - 339.

Rai, U., Das, A. P. e Singh, S. 2011. Understanding the forest types in lower hills of the Darjeeling Himalaya using satellite and ground truth data. Em Ghosh, C. e Das, A. P. eds. *Recent Studies in Biodiversity and Traditional Knowledge in India.* Sarat Book House, Kolkata. Pp. 203 - 213.

Rai, Upkar, Lama Doijoy, Thapa, Narayan, Baraily Sulochona. 2014. Uma nova variedade de *Rhododendron grande* Wight (Ericaceae) de Darjeeling em Bengala Ocidental. *Pleione.* 8 (1): 159 - 162.

Rao, P. S., Sijatha, B., Lakshminarayana, K. e Ratnam, S. V. 2013. Um estudo sobre fitossociologia, conservação do solo e aspectos socioeconómicos em dunas de areia vermelha perto de Bhimili de Vishakapattanam.*Arch. App. Sci. Res.* 5 (1): 45 - 46.

Richardson, I. B. K. 1978.Endemic taxa and the taxonomist. Em Street, H. E. (ed) *Essays in Plant Taxonomy,* pp. 243 - 262. London.

Sanjappa, M.; Paul, T.K. e Lakshminarasimhan, P. 2012. Em Sharma, A.K.; Ray, D. e Nath Ghosh, S. (Eds.). *Biological Diversity.* Conselho de Biodiversidade de Bengala Ocidental, Calcutá.
Pp.243 - 251.

Sen Sarkar, N. e Roy, A. 2012. Em Sharma, A.K.; Ray, D. e Nath Ghosh, S. (Eds.). *Biological Diversity.* Conselho de Biodiversidade de Bengala Ocidental, Calcutá. Pp. 236 - 242.

Shukla, G., Biswas, R., Das, A. P. e Chakravarty, S. 2014. Diversidade vegetal na floresta de reserva de Chilapatta de Tarai Duars no sopé tropical subúmido dos Himalaias orientais indianos. *Res.* 25 (3): 591 - 596.

Samanta, A. K. 1998. *Taxonomical and Phytosociological Studies on the Angiospermic Climbers of Darjeeling and Sikkim Himalayas.* Tese de doutoramento, Universidade de Bengala do Norte (*Unpub.*).

Samanta, A. K. and Das, A. P. 1995.Angiospermic Climbers of Darjeeling Hills.In Pandey, A. K. ed. *Taxonomy and Biodiversity.* C.B.S. Publication New Delhi. pp. 139 - 147.

Singh, K. P., Shukla, A. N. and Singh, J. S. 2010.State level Inventory of the Invasive Alien Plants, their Sources Region and use of the Potential.*Curr. Sci.* 99(1): 107 - 114.

Srinivasa, R. D., Prayaga, M. P. e Venkaiah, M. 2013. Observação fitossociológica sobre a diversidade de espécies arbóreas da floresta tropical do distrito de Srikakulam, Andhra Pradesh, Índia.*Indian Jour. Pl. Sci.* 2 (4): 89 - 108.

Sujay, Y. H., Sattagi, H. N. e Patil, R. K. 2010.Invasive Alien Insects and their Impact on Agroecosystems.*Kar. J. Agri. Sci.* 23(1): 26 - 34.

Yonzane, Rajendra, Lama, Doijay, Bhujel, R. B. e Rai, Samuel. 2014. Status atual, diversidade e distribuição de *Goodyera* R. Brown (Orchidaceae) em Darjeeling, parte do Himalaia Oriental. *Pleione.*8 (1): 89 - 91.

MIX
Papier aus verantwortungsvollen Quellen
Paper from responsible sources
FSC® C105338

Printed by Books on Demand GmbH, Norderstedt / Germany